シャトレーゼは、なぜ「おいしくて安い」のか

齊藤 寛
株式会社シャトレーゼホールディングス
代表取締役会長

CCCメディアハウス

はじめに

今年の3月で87歳になりました。

ずいぶん以前から「本を出さないか」と言われていたのですが、「まだまだそんな年じゃないよ」って一笑に付してきたのです。振り返る時間があるなら、もっとやりたいことがありますから。

とはいうものの、現在シャトレーゼは国内600店舗、海外110店舗に広がり、「一緒にやりたい」と言って問い合わせてくださる方もどんどん増えています。

2019年秋には、「YATSUDOKI」（ヤツドキ）という新業態も始動しました。コロナ禍でも業績が伸びていることから、テレビをはじめ、新聞、雑誌などのメディアに取り上げていただくことも多くなりました。

僕がお菓子の道に入ったのは1954（昭和29）年、いまから67年前のことです。弱冠20歳でした。

山梨県勝沼町（現・甲州市）で生まれ育ち、日本一のぶどう生産者を目指すはずだった僕がなぜこの道を選んだのかは、あとでお話しさせていただきますが、ずっと心がけてきたのは、「お客様の目線で考える」こと。そして、「他人ができないと思うことにあえて挑戦する」姿勢です。

お客様が「いいお店だな」と思ってくだされば、また足を運んでいただける。ご自分の身近な方に紹介してくださる。そうやって、口コミでお店のファンになってくださる方が増えていけば、自然に繁盛すると思っています。

ですから、テレビコマーシャルや新聞広告などの宣伝はやりません。宣伝にかける経費があるなら、その分、お客様に還元したいと思っています。

もちろん、企業ですから利益は必要ですが、「儲かる」という字を分解すると、信者でしょう？　シャトレーゼというお店を気に入ってくださり、ある意味信者といえるほどの熱烈なファンになっていただけたら、儲けようと思わなくても儲かります。そして、そのための努力を惜しまないように、社員一丸となって走り続けてきました。

本のタイトルを『シャトレーゼは、なぜ「おいしくて安い」のか』としましたが、最初に種明かしをしてしまうと、「お客様はいま、何を望んでいるのか」を考えながら、一つひとつ実現させ、積み上げてきた結果です。特別な魔法を使ったわけではないのです。

シャトレーゼという会社が大切にしていること、みなさまにお届けしたいと思っていること、そして何を目指しているのか、この本を手にとってくださった方に少しでも伝えることができたら幸いです。

第1章 発想の原点

第2章 おいしさへのこだわり

素材が決め手の商品戦略

第3章

ブランド認知とファンベースの拡大

第4章 新業態「YATSUDOKI」と海外事業の展開

シャトレーゼの海外戦略（海外営業部課長・渡邊秀太郎）——167

第5章 家業的企業経営の真髄

第 1 章

発想の原点

困ったときこそ知恵が出る

スタートはたった４坪の焼き菓子店

僕の生家は山梨県勝沼町でワイン造りも手がける、ぶどう農家でした。７人兄弟の長男で、家業を継ぐものとして育てられましたから、高校卒業後は父に頼んで、１年間だけ農業試験場に通わせてもらいました。

これが面白くてね。やりがいと手応えを感じて、「ようし！　日本一のぶどう生産者になるぞ」と意気込んでいました。

シャトレーゼの前身になったのは、弟が始めた「甘太郎《あまたろう》」という今川焼きふうの焼き菓子を売る店です。弟が焼き菓子店をやりたいと言ったとき、僕は反対したのですが、父は農家の割に事業が好きな人だったので大賛成。

でも、やはり年若い弟に店舗経営は難しく、そこそこ売れていたのですが、資金のやりくりに失敗して、仕入れのお金が払えなくなってしまいました。

仕方がないので父が立て替えることにしたものの、農家に収入が入るのは年に一度、収穫のときだけです。仕入れの問屋に秋になるまで待ってもらい、なぜか僕が支払いに行くことになったのです。

ところが、手土産のぶどうの籠と支払いのお金を持って届けにいくと、「これっぱかりの金額の支払いがこんなに遅くなるなんて、とんでもないことだ」と頭ごなしに怒られました。

父が厳しい人でしたから怒られるのには慣れていましたが、初対面の人に、まして僕は身内ではありますが当事者ではないわけです。これほどの侮辱を受けたのははじめてで、黙って頭を下げながらどうにも悔しくて仕方がありませんでした。

「ようし、名誉挽回してみせよう。それには自分でやるしかない」と決意して、僕が中心になって「甘太郎」を経営することになりました。

たった4坪の小さな店でしたが、やるからには目指すのはやはり「日本一」です。幸い駅前から百貨店に続く人の流れのよい場所が空いたので、店舗を移転し、心機一転スタートしました。１９５４年、20歳の船出です。

当時はまだ戦後の物不足の延長線で、甘味といえば人工甘味料のサッカリンやズルチンが全盛でしたが、それだと後味が悪いのです。町中には何軒も菓子店があるわけですし、お客様の身になって考えれば、そんなものを買うためにわざわざ足を運んだりはしたくないはずです。

ですから「甘太郎」では、最初から上白糖と北海道の小豆を使いました。

やはり、「本物の味」をお客様は求めていたのでしょうね。朝から晩まで行列が絶えず、並ぶ人が隣の店の前までふさいでしまうので、Z形に並んでもらうようにお願いする、そのくらい売れました。

深夜12時近くまで営業して、夜中にあんこを炊いて、また朝から営業するという毎日。気がつけば、山梨県と長野県に10店舗ほど展開する大繁盛店に成長していました。

余談ですが、僕を怒鳴りつけた問屋は、新規開店直前の「さあ店を開くぞ」というギリギリになっても材料を持ってきてくれなかったのです。電話で問い合わせると、「仕入れの金も払えないような店に、商品は卸せないよ」と言う。

仕方がないので、片っ端から電話する覚悟で仕入れ先を探したら、幸いにも「すぐ持っていきます」と言ってくれるところが見つかって、無事にオープンすることがで

連日、「甘太郎」に大勢の人が行列を作った

「甘太郎」の前で。中央が筆者

きました。

後日「甘太郎」の繁盛ぶりを見て、断ってきた問屋のほうから「ぜひ、うちの商品を仕入れてください」と頭を下げてきましたが、もちろん丁重にお断りさせていただきました。そのときは、すーっと胸のつかえがとれる思いがしましたね。

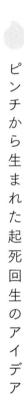

ピンチから生まれた起死回生のアイデア

「甘太郎」には、大きな弱点がありました。焼き菓子ですから冬はよく売れるのですが、夏の売り上げは振るいません。そこで、夏に売れる商品をと考えて始めたのが、アイスです。

現在のシャトレーゼの主力商品の一角ですが、実はアイスの製造が軌道に乗るまでには、約20年かかりました。でも、アイスが売れなかったから、いまのシャトレーゼがあるともいえるのです。メーカーの機械を入れてすぐ商売になるソフトクリームを選んでいたら、「甘太郎」のまま終わっていたかもしれません。

昭和20〜30年代にかけて、関東地方を間近に控える山梨県では、アイスのローカルメーカーが数社ありました。自宅の前の国道を、アイスを積んだトラックが東京に向けてばんばん通っていくのです。その景気のいい光景に、アイスクリーム製造に将来性と魅力を感じていました。

転機が訪れたのは1964（昭和39）年、「甘太郎」の経営を始めて10年目のこと。東京でレストランを経営していた叔父が、飲食業のかたわら高級アイスクリームの製造も手がけ、喫茶店などに卸す仕事もしていたのですが、東京の工場が手狭になったため、僕が引き継いで勝沼に工場を建てることになったのです。

専門店向けの高級アイスクリームだけではなく、棒アイスやコーンアイス、カップアイスなどの一般向けの販売も念頭に、思い切って規模の大きな工場を建てたのですが、これが苦労の始まりでした。

アイスというのは、設備投資が非常に大変なのです。冷蔵・冷凍の設備も必要ですし、衛生管理に非常に神経を使う商品ですから、機械はすべて高価なステンレス製です。しかも、多大な資金を投入し、工場を整え、ようやく操業してみたら、すでにめぼしい販路は大手メーカーに押さえられたあとでした。

かつて羽振りのよかった山梨のローカルメーカーは皆、明治乳業、森永製菓、江崎グリコ、協同乳業、ロッテなどの大手の下請けになっていました。また、小売店の店先に置かれるアイスストッカーを大手メーカーが奪い合っている状況です。

子どもたちがテレビコマーシャルを見て、「あのアイスが食べたい」と小銭を握りしめて買いにくる時代になっていました。

売り込みに行っても「安ければ置いてやってもいいよ」という扱いですから、利益が上がるはずもなく、「いまごろ操業してもあとの祭り」というタイミングの悪さ。でも、逆にとらえれば、「もうこれ以上は悪くならない」。つまり「ここからは、よくなるだけ」というわけです。ピンチだからこそ、アイデアも生まれます。

さっぱり売れないアイスの工場を抱えた僕がひらめいたのが、「10円シュークリーム」の発想でした。

並べる端から売れればいい

下請けで利益が出るならと思って一時期試したこともあるのですが、仕事をもらって言われるまま製造しているだけでは、企画する能力も販売する力もつきません。言葉は悪いのですが、このままではずっと下請けのままだと思ってやめました。

なにしろ僕が目指していたのは「日本一」ですから、唯々諾々とこの状況に甘んじているわけにはいきません。だからといって、大手メーカーと真っ向勝負しても勝ち目はないわけです。

だったら、大手メーカーがやれないことをするしかない。計画生産・計画販売で販路を伸ばしている大手メーカーがやれないこと。

そこで思いついたのが、消費期限が短くて大量生産・大量販売が難しく、大手が手を出したがらない洋生菓子、シュークリームの製造です。

アイスでは利益こそ出ませんでしたが、アイス製造で覚えた衛生管理と工業生産の技術を覚えたことは、大きな財産です。この技術を応用して、シュークリームを自動で製造できる工業ラインの研究開発を始めました。

当時のシュークリームは、洋菓子店が手作りして販売する高級品。洋生菓子を卸売りするなんて、発想すらなかった時代です。普通にやっていては売れません。

父のワイナリーの手伝いでワインを小売店に卸した経験がありましたから、日持ちしない商品なら直接小売店に持ち込めばいいと思いつきました。

問題は、規模の小さな小売店には商品を保管する冷蔵ケースがないこと。「置いておけないから」と断られてしまい、最初は苦戦しました。

それならば、店頭に置いたらすぐ売れる、回転の早い商品にすればいい。これなら

置いたそばから売れていった10円シュークリーム

冷蔵設備は不要です。そのための方策として、シュークリームは1個50円が当たり前という常識を破って、10円で売ることにしたのです。

シュークリームを50個ずつ詰めたケースを五つ、250個単位で持ち込み、「もし売れなかったら捨てていいから、まあ置いてみてください」と置いてくる。すると、すぐに電話がかかってきて「売れちゃったよ！　次のシュークリームを持ってきて」と言われるのです。まさに、飛ぶような売れ行きでした。

シュークリームの作り方は東京の有名な洋菓子店に教わりましたから、味は洋菓子店直伝。少し小ぶりとはいえ、それで値段は通常の5分の1なのですから、売れないわけがありません。狙い通りの大当たりでした。

1967（昭和42）年に本格的な生産を開始して、1日50万個の製造が常態となり、なんとかピンチを切り抜けました。10円シュークリームを問屋にも卸し始めたことで、アイスの販路も確保できました。

これを機に、今川焼きふうのお菓子を扱う「有限会社甘太郎」とアイス製造を行う「大和アイス株式会社」を合併して、社名を洋ふうの「株式会社シャトレーゼ」に変更したのです。

一般庶民にも手が届く洋生菓子には、隠れた需要がある。今後も洋菓子を手がけるならば横文字の名前がよかろうということで、フランス語の「シャトー（城）」と「レザン（ぶどう）」を合わせた名前にしました。

その後、ロールケーキや100円ケーキなどの商品も手がけるようになり、洋生菓子とアイス製造のブランドとして、知られるようになっていったのです。

困ったときこそ上を向こう

二度目のピンチが訪れたのは1984（昭和59）年。現在の本社と中道《なかみち》工場を作ったときです。

勝沼の主力工場では生産が追いつかないほど業績は好調で、当時の年商は48億円。山梨県が新たに大規模な食品工業団地誘致を始めたという話を聞いて、「ここは勝負のしどころ」と早速応募し、50数億円を投じて建設に着手しました。

10月完成予定の工場が稼働すれば、年商100億円はすぐそこだ。そう、思っていました。

ところが、4月に勝沼の主力工場が火事に遭い、なんと全焼してしまったのです。新しい工場に持ってくるはずだった機械もすべて焼けてしまいました。

そこから新しい機械を発注して、工場も完成を早めてもらい、なんとか9月に操業を開始することができました。しかし、テスト・ランをする間もなく、動かさなければなりません。

さらに、勝沼の主力工場で働いてくれていたベテランパートの方々が、車の免許が

1984年当時の本社、中道工場

現在の本社、中道工場

ないから通えないという理由で次々に辞めてしまいました。勝沼から中道までは車で30～40分かかるので無理もない話なのですが、熟練者がいなくなった新工場は、勝手のわからない新人ばかり。できあがった商品は、ロスの山です。

悪いことは続くもので、その後、専務取締役の弟が心臓病で急死し、頼りにしていた工場長もがんでこの世を去りました。両腕をもがれた思いでいたところ、経理担当の妹までが甲状腺がんを患って、療養のため休職です。

さすがにこのときは寝る間もなく、心身ともに限界でした。血尿が出るくらい、がむしゃらに頑張りましたね。

でも、こういうときこそトップがへこたれて、下を向いてはダメなんです。みんな社長の顔を見ていますからね。不安な気持ちというのは伝染します。

どれだけのピンチでも、一つひとつ問題をクリアして率先して働く姿を見せる。「よし、大丈夫だ。すぐによくなる」。そういう気構えで、陣頭指揮をとる。そうでなければ、従業員の士気は上がりません。

ちょうど長女が入社したばかりの年だったのですが、工場は焼ける、人はいなくなるで、「これからどうなってしまうのだろう」とかなり不安な思いをしたようです。でも、僕の仕事ぶりを見ていて払拭された、安心できたと、あとになって話してくれました。社員も、そう思ってついてきてくれたのでしょう。

これも余談になりますが、資金繰りに困ったときに、銀行に頭を下げてお金を借りるのもダメだと思っています。萎れて頭を垂れている人に、銀行はお金を貸してはくれません。

そんなときだからこそ、僕はあえて大きくて見栄えのする米国車のリンカーン・コンチネンタルを買って銀行に乗りつけ、「いまはお金がないかもしれないが、将来を見ていてくれ」という心意気を示し、夢を語りました。

同じような事例は、海外にもあります。

2012（平成24）年にオランダの工場がシャトレーゼの傘下に入った際に、大使に招かれたランチの席で聞いた話です。

オランダにある世界的ビール醸造会社のハイネケン社を継いだ娘さんは、分散した株を買い戻す資金の提供を銀行に頼む際、ロールスロイスをレンタルして、それで乗りつけて交渉したのだそうです。

僕の場合、リンカーン・コンチネンタルのレンタルはなかったので購入したわけですが、そういう強い気持ちが人を動かす力になるのだと思っています。

工場直売店という発想

「買いに来て」もらえばいい

主力工場の火災、新工場の不調、人材不足と不運が続く中、シャトレーゼの商品が並んでいた小売店の棚は、他社の製品に置き換わっていました。厳しい競争が続く業界で、満足に商品が届けられなかったのですから、仕方がありません。

さて、どうするか。

営業の要だった弟は、もういません。でも僕は、頭を下げて注文をとるのは大嫌いなんです。

売り場を持たないメーカーは、立場が弱い。卸す先によっては、「いやならやめてもらっていいよ」と言わんばかりのところもあります。「取引を続けたかったら、わかっているよね」という無言の圧力で、販売協力費という名目の寄付金を強要されたり、約５００万円の高級腕時計を買わされたりしたこともありました。

何よりも悔しかったのは、おいしさは二の次で安さを優先させようとする姿勢です。お値打ち価格で提供するのは悪いことではありませんが、それはおいしさあってのことです。安かろう悪かろうでは、まったくお客様をバカにしています。


シュークリームに続いて力を入れた商品は、ロールケーキです。シャトレーゼのロールケーキは、鉄板の上に直接スポンジ生地をのせて焼くのではなく、鉄板の上に紙を敷いて、その上に生地を流して焼くやり方に改良しました。そうすることで、スポンジが非常にソフトになるのです。

それを小売店に持っていったところ、「これはうまい！」ということで商談成立。一躍、シャトレーゼのロールケーキは人気商品になりました。

ところが、「ロールケーキというのは売れるものだ」と味をしめたのでしょうね。もっと安くできないかと要求され、質を落とすわけにはいかないからと断ったら、安い他社製品に置き換えられてしまったのです。

シャトレーゼの商品がおいしくてロールケーキが人気になったのに、安いというだけで他社に乗り換えるなんて、悔しいじゃないですか。

そういう苦い経験もありましたので、このピンチを機に、「ようし！　だったら、売りに行くのではなくて買いに来てもらおう」と頭を切り替えたのです。

田畑の中に行列ができた

まずは試験的に、アイスを売り出すことにしました。どうせ20年間利益の出なかった商品ですから、それ以上悪くなることはありません。甲府駅と会社を結ぶ中間ぐらいの場所にプレハブの店を作って、アイスの冷凍ケースをダーッと10台ぐらい並べました。

通常はメーカーが問屋に卸し、問屋が小売店に卸すわけですが、直接売るならその分安くしても、十分利益は出るわけです。ですから、売値は卸す値段と同じ34パーセント引きにしました。１００円のアイスなら66円です。

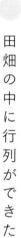

売れるとは思っていましたが、想像以上なんてものではありません。甲府駅から4～5キロメートル離れ、周囲が田畑ばかりのところに「どこから人がわいてくるのかな」と思うほどの行列です。「これはいける！」という手応えがありました。

そこで、すぐに千葉県柏市にあった子会社に「スーパーの卸しなんてやっている場

工場直売のベースとなる実験店「新々《しんしん》平和通り店」

合じゃないぞ。すぐに店を作ろう！」と連絡して、国道16号沿いに直売の店舗を出しました。山梨とはマーケットの規模が違いますから、予想通り輪をかけての大繁盛です。

全国的にも話題になって、大手メーカーのみなさんも見学に来られました。しかし、スーパーマーケット等の販路を持っている大手メーカーのみなさんは「工場直売をやるなら、お宅の商品はもう売りません」と言われると困りますから、どなたも真似はできなかったようですね。販路を失うというピンチだったからこその大逆転です。

工場直売システムで、夏はアイス、冬はシュークリームやロールケーキ、１００円ケーキという体制で売れに売れ、出店の申し込みも後を絶たず、あっという間に年商１００億

アイス製造と製餡のメイン工場である白州工場

円を達成しました。中道工場だけでは供給が追いつかなくなり、白州《はくしゅう》名水で知られる北杜《ほくと》市に、白州工場を建設することになったのです。

判断の物差しは「三喜経営」

工場直売の店舗をフランチャイズ・チェーン（以下FC）方式で展開したことが、シャトレーゼが大きく業績を伸ばす原動力となりました。

出店戦略の話をする前に、シャトレーゼの経営にあたって僕が最も大切に考えている方針について、少しお話ししたいと思います。

シャトレーゼの社是「三喜経営」

１９６７年に社名をシャトレーゼに変更した際、僕は社是を「三喜経営」とし、経営の根幹に据えました。「お客様に喜ばれる経営」「お取引先様に喜ばれる経営」「社員に喜ばれる経営」、この三つの喜びがあってこそ経営が成り立つ、という考えです。

まず一番はお客様ですから、何事もお客様目線で考えること。扱う商品が食べものなので、おいしいことはもちろんですが、安全・安心であることも不可欠です。

次に、お取引先様が喜んでくれること。平たくいえば、生産者や小売店が儲かる仕組みを考えることです。

シャトレーゼでは、欧米式ＦＣでは当

たり前のロイヤリティを一切取りません。売上金を本部に送金する義務もありません。FCオーナーはいわば「のれん分け」をしたパートナー、一緒に成長していきたいと考えているからです。

そして、お客様とお取引先様に喜んでいただけたら、今度は社員の頑張りにも報いなくてはなりません。

これは最近の取り組みですが、おかげさまで売り上げが好調ですので、業績目標が達成できた年は、決算前に利益の1割を決算賞与として配分することにしました。

こうした社是や経営理念というものは、とかく形骸化しがちですが、シャトレーゼではこれを「判断するときの物差し」にするよう繰り返し指示していますし、僕自身肝に銘じて実践しています。

たとえば、僕は古い人間ですから、企業たるもの株式市場に打って出ることを一つの到達点だと考えたことがないわけではありません。正直な話、証券会社に上場用の資料を提出し、公表する一歩手前まで準備を進めていたのです。でも、明日公表という直前に、取りやめました。

上場すれば「株主のために」が一番になってしまいます。「お客様のために」を押しのけて、株価を上げたり、配当を増やすための経営をしなければならないなんて、本末転倒もいいところです。

株主の顔色をうかがうことなく、これまで通り自分の信念に従って、思い切った挑戦をしていきたい。お客様のことを第一に考えていきたい。そう思って、やめました。

両親の背中が教えてくれたこと

「三喜経営」は、両親の背中から学んだ教えです。

齊藤家というのは来客の絶えない家で、毎日たくさんの人が来ていました。父は分家なのですが、分家した先の周囲の農家が田や畑や桑畑だったのを見て、収入のいいぶどう栽培に転向する手助けをして、地域の世話役のようになっていました。

自分のぶどう畑には雇い人がいますから、自身は地元を回って棚の作り方やら剪定の仕方やらを教えていました。そういうことをするのが、好きだったのでしょうね。

また、拡大志向の強い人で、ぶどう栽培だけではなくワイナリーのほか、戦後は干しぶどうの事業なども手がけていました。買い付けに来た市場の人が旅館代わりに泊まっていったり、僕の小学校の先生までが、帰宅途中に毎晩うちに寄っては父と杯やって帰ったり、とにかく賑やかな家でしたね。

一方、母はといえば、父との結婚を機に女学校の先生を辞めたのですが、面倒見のいい母を慕って生徒たちが「もっと教わりたい」と集まってきて、しばらく齊藤家の二階が私塾のようになっていたこともありました。多いときは50人ぐらい、裁縫やら作法やら教わりに来ていたと思います。

そんな家だったのですが、僕が高校生ぐらいのときにアメリカから大量のカリフォルニアレーズンが日本に入ってくるようになって、干しぶどうの事業に失敗し、大きな借金をすることになってしまいました。そんなとき、それまで父がなにくれとなく世話をしていた人々が、「齊藤を助けろ」と資金を出し合ってくれたのです。

そんな姿を見ていましたから、「利他の心」で誰かのためになることをしていれば、まわりまわって自分に返ってくる、人には親切にするものだということを学んだのだと思います。


どんなに大変なことがあっても、絶対に人の悪口を言わない母からは惜しみない愛情を、仕事に厳しい父からは働くとはどういうことなのかを、みっちり仕込んでもらいました。長男の僕ばかりが厳しく怒られるので、もしや実の父親ではないのではと疑うくらいだったのですが、鏡を見れば見るほど僕は父そっくりなのです。

残念なことに、父は僕が27歳のときにがんで亡くなりました。

手術を控えて泊まった旅館で父と一緒に風呂に入ったとき、「そっちを向け。背中を流してやろう」と言われ、父の手を背中に感じながら「あれだけしごかれたのは、僕を一人前にするためだったんだ」としみじみ思いました。

「甘太郎」の成功を喜んでくれた父ですが、「おい、ぶどうやワインも忘れるなよ」と言われたことが、後年ワイナリーを手がけるようになったことにつながっています。

いまも毎日両親の仏壇に手を合わせ、生きている人に話すように話しかけています。「おかげさまで今日も一日終わりました」とお礼を言ったり、「今日は少し間違ったことをしてしまいました」と詫びたり、「教わった通り、こんなことをしましたよ」と報告したり。

そうやって床に就くと、不思議なことにいい発想がぱっと浮かんできたりするのです。ただ、朝になると忘れてしまうので、電気もつけずに急いでメモするようにしています。

「郊外中心」の時代への確信

洋生菓子とアイスのメーカーだったシャトレーゼが、なぜFC方式での店舗展開に踏み出したのか。そのきっかけは、1970年代にまでさかのぼります。

シュークリームが好調に売り上げを伸ばしているのを見た設備関係の取引先から、京都の洋菓子メーカーT社の社長を紹介されました。関西でシュークリームをメインにFC展開している会社だったのですが、同業他社と売り場を争い、T社の看板を掲げていた店舗が、翌週には他社の看板に掛け変わっているといった状況でした。「とにかく競争が激しくて、このままではつぶれてしまう。なんとかならないだろうか。シャトレーゼの成功に学びたい」というのです。

そのころのシャトレーゼはまだ関西には進出していませんでしたし、それならばということで、宇治市のT社の工場まで何度も足を運び、仕込みの仕方から工場管理、製品開発までアドバイスしたのです。

夏に売れる商品がないというので、「シュークリームにアイスを詰めては?」というアイデアを話したところ、すぐに商品化され、なんとその会社の看板商品になりました。人気歌手を起用したコマーシャルを全国ネットで流し、爆発的に売れましたから、昭和を知っている方なら「ああ、あのシューアイスね」とピンとくると思います。

T社はその後凋落し、最終的に民事再生法を申請することになってしまいましたが、一時は株式上場も果たし、飛ぶ鳥を落とす勢いだったのです。


少し親切にしすぎたかなと感じた反面、T社がFC展開で急速に販路を伸ばす様子を間近に見ることができたのは、大きな収穫でした。しかも聞いてみると、T社本部はそれほどたいしたことをしていないのに、よく売れる。それも、それまで好立地だと思われていた駅前よりも、郊外の店舗のほうがはるかによく売れていました。

「これからは郊外を中心としたFCの時代になる」という確信と、自社で売り場を持つことの強さを目の当たりにして、シャトレーゼの今後の方針が決まりました。

やはり、人には親切にするものですね。

中道工場の建設に50数億円を投じたのも、本格的にFC展開をするための生産力増強を意図していたからでした。完成前に主力工場が焼けるという不運にも見舞われましたが、それで卸しの業態から脱出できたわけですから、何が幸いするかわかりません。

それでは、店舗経営に話が移ったところで、シャトレーゼの出店戦略の詳細は、フランチャイズの募集と物件開発を長年担当してきた国内店舗開発部部長の荻野吉隆《おぎのよしたか》から話してもらうことにしましょうか。

出店戦略の独自性

――国内店舗開発部部長・荻野吉隆

基本は「郊外中心」の戦略

シャトレーゼは、基本的にフランチャイズビジネスです。シャトレーゼの理念に賛同できる方と、シャトレーゼに土地を貸してくださる地権者の方とを結びつけるのが、私たち国内店舗開発部の仕事です。

中には、自分の土地でお店をやりたいという方もいらっしゃいますが、現在国内約600店舗のうち、自分の土地を有効活用してやりたいという方は、１割いらっしゃるかどうか。地主として貸す方法を選ばれる方がほとんどなので、９割近くのオーナーは、土地を借りて出店されています。

「郊外型」ということで進めてきた出店場所の条件は、周辺人口が５万人ぐらい。そして、車で来店できる広い駐車場を確保できることが第一です。

ロードサイドにあるワンストップ型店舗の新店(須玉《すたま》店)

郊外型というのは、シャトレーゼのおいしいものを、より安くリーズナブルにお届けするのに、なんの制約も受けない理想的な売り場なのです。

郊外なら賃料も安く、大きな場所を確保できますし、大規模商業施設や百貨店に支払うマージンを上乗せする必要もありません。自分たちで作ったものを、誰に指図されることなく「お値打ち価格」で売ることができます。また、施設の営業時間に縛られることもなく、混雑しないので、気軽にゆっくり買い物をしていただくことができるのです。

郊外のロードサイドにあるワンストップ型、つまり、ここに来ればスイーツならなんでも揃う、あちこち回る必要がないというのが身上です。洋生菓子や和菓子、アイスを中心に、約400種類の自社製品を取り揃えています。

車でさっと立ち寄り、家族それぞれが自分の好みの商品を買うことができるのも、新型コロナウイルス感染症の影響を受けた巣ごもり需要の高まりの中、大きな魅力につながりました。

シャトレーゼの躍進が話題になったことで、出店希望者も着実に増えています。でも、郊外のロードサイドならどこでもいいかというと、そういうわけにはいきません。

私たちも常に出店場所をリサーチしていますし、出店希望者にも候補地を探していただきますが、ご希望通りにいかないことは当然あります。こちらとしても勝算のある場所で出店したいので、お申し込みがあってもすぐには場所が見つからないケースも多いのです。１年以上、待っていただくこともあります。

では、どういう場所なら「売れる場所」になるのか。

マーケティング調査の手法に、評価グリッド法®というものがあります。ざっくり説明すると、交通量調査や競合店調査などのさまざまな調査データをもとに、そのエリアでの人の動きを可視化する手法です。

面白いもので、リサーチして１００人が１００人とも「この場所はいいだろう」と思っても、ダメなときがあるのです。逆に「こんなところでは売れないだろう」というところが大化けしたりすることもあります。

交通量だったり、車の流れだったり、周囲の人口だったり、地域で暮らす人々の動線だったりといろいろなデータを調べますが、重要な判断基準は「におい」とでもいうのでしょうか。

時間によって、車の流れも人の流れも変わります。道路のこちら側と向こう側とで、まったく違ってきたりもします。街路樹が邪魔になって見えにくいとか、反対車線から駐車場に入れないとか、そういう地図や数字で見ているだけではわからない部分が、実は決め手だったりするのです。

もちろん、高齢化率や人口率といったデータを拾うこともおろそかにはできませんが、机上の仕事だけではなく、そういうものも優先させる。そのためには、実際にその地域を走り回ってみることが大事です。

地元の主婦の方などは、いろいろな情報をお持ちですからね。お話しさせていただいて、「あっちはいけない、こっちがいい」といった貴重な生の情報をうかがうこともできます。そういうさまざまな情報を取り入れて、あとは自分で経験を積んで判断するわけです。

私たちは長年この仕事に携わってきましたから、１００パーセントとまでは言いませんが、あらかじめ、たいがいの場所の地図ができています。

車だけではなく、バスや自転車、徒歩など、実際に足を使った調査をしていますから、ある面でいえば地元の方より詳しいかもしれません。ですから、出店の話が具体的になった段階で、それを更新すればいいわけです。

ただ、近隣の店舗は入れ替わりますし、人口が減ってきたり、新しい道ができたりと、状況は日々変わっていきます。そのため、営業活動とは別枠で、情報のアップデートは欠かさないようにしています。

まずは信頼を得ること

これはと思う場所が見つかっても、地主の方と条件が折り合わないこともあります。いまでこそシャトレーゼの名前も全国区になりましたが、地方の郊外を中心としたチェーン展開でしたから、まったく出店のなかった地域に店舗を出そうとしても「シャトレーゼ？　聞いたことがないけれど」と、断られることが多かったですね。

地主の方にしてみれば、聞いたことのない会社に土地を貸すよりも、大手コンビニエンスストアなど知名度の高い大企業に出店してもらいたいわけです。賃料などの条件もいいですしね。

貸したはいいけれど、さっさと撤退されたら、残された建物を持て余すことになります。慎重になるのは無理もありません。そこをなんとかと足を運んでお願いし、信頼関係を築くのも、私たちの仕事です。

12年ほど前に、はじめて九州に進出したときも大変でした。

最初はどこも土地を貸してくれません。「関東から来たお菓子屋さん？ ダメならすぐに閉めて関東に戻っちゃうんでしょう。それじゃあ困る」というわけです。

当時はまだ山梨より西側は福山（岡山県）までしか展開していませんでしたから、九州での知名度はゼロに等しく、まったく信用がありませんでした。

九州で店舗展開をすることになったのは、博多に工場ができたからです。ケータリング用の工場だったところを買い取る話が浮上して、一気に話が進みました。それで、広島県、山口県を飛び越して、九州での展開を進めることになったのです。

２００９（平成21）年に稼働した博多工場はそれほど大きくはありませんでしたが、30～40店舗をカバーできる規模の工場です。供給に見合う店舗体制を、なるべく早く整える必要がありました。

まずは、「シャトレーゼというのは、こういう店です」「こんな商品を扱っています」ということを知っていただくために、博多から少し離れた東西南北に直営店を出すことにしました。

九州1号店を出した鳥栖《とす》市は佐賀県の東端ですが、博多から特急で2駅目に当たります。九州では知られていなかったとはいえ、以前東京や関西に住んでいてシャトレーゼを知っているという方はいらっしゃいます。

1号店の地権者の方もシャトレーゼをご存じでしたが、最初からうんとは言ってくださらない。

何度も足を運んで、シャトレーゼのお菓子を召し上がっていただいたり、シャトレーゼのこだわりや考え方をお話ししたり、工場をご覧いただいたりと、手を替え品を替えてご案内しながら、少しずつ信頼を得ていきました。

出店を後押しする商品力

鳥栖駅の近くには、九州では3本の指に入る洋菓子の名店がありましたので、こんなところに出店してもという一抹の不安がありました。また、おいしさには自信があるとはいえ、正直なところこちらの方の口に合うのかという心配もありました。

でも、名店のショートケーキは500〜600円、シャトレーゼの苺ショートは当時280円です。「おいしいのに安い」シャトレーゼの商品は鳥栖の方々にも歓迎されて、多くの方々にご来店いただくことができました。

その後もコツコツと年に10店舗ずつ直営店を出していき、2〜3年目ぐらいにFC希望者が現れるようになりました。12年経った現在は、九州に約90店舗、南は鹿児島県まで広がりましたから、なかなか条件の合う場所を探すのが難しくなって、「もっと早く知って始めればよかった」と言われることも多くなりましたね。

やはり、その地域の1号店になる、というのは強いです。他店の繁盛ぶりを見て始めた方よりも、総じていい成績を上げていらっしゃるところが多いようですね。

福岡県から熊本県へと広がったころから、四国からの問い合わせも多くなりました。しかし、配送などの体制を整える必要もありますから、なかなか四国に渡ることができません。

「そのうち行きますから」と言ううちに数年が経ち、「荻野さん、何年待ったと思うの」と言われるくらい、待たせてしまいました。そんな四国でも、2020年の高知万々《まま》店オープンを皮切りに、次々と出店計画が進んでいます。沖縄からも引き合いは来ているのですが、物流の関係からまだ出店は難しくて、待っていただいている状態です。

直営店は現在、希望者に引き継ぐ形でFC店にしています。うちは社員がFCオーナーとして独立できる制度があるので、そうした事例も少なくないんですよ。

もちろん、手を挙げれば誰にでも引き継げるというわけではありません。店舗経営には経営手腕も必要ですから、それなりの力を持った優秀な社員がオーナーになって本社業務から抜けてしまうことになります。会社としては痛手です。

でも、シャトレーゼのこだわりや商品のよさをしっかり説明できる人がオーナーになり、店舗経営を通じてスタッフやお客様に広めてくれれば、口コミにつながる大きな宣伝にもなりますから、頑張ってほしいと思っています。

撤退のないチェーン展開

その地域にはじめて出店する場合と、すでに既存店があるのかによっても、出店場所の判断基準は変わります。

シャトレーゼには「カシポ」というポイントカード（100円で1ポイント貯まる。1ポイント1円からお値引きで利用可能。そのほかにも、多数の特典がある）がありますので、ご登録いただいている住所を分析すれば、どこの地域のどの店舗に、どこからお客様が来店されているのかがわかります。

ですから、店舗同士の距離感よりもその地域の人口分析から判断して、新規店と既存店がちょうど鎖の輪のように重なり合う形にするのが、理想です。

商売というのは、何にしてもそうかもしれませんが、長くやっていると飽きてきます。最初は張り切って品揃えを考えたり、先頭になって売り場に立ったりしていたオーナーでも、順調な売り上げが続くと営業を店長やスタッフに任せてしまい、代わり映えのしない品揃えが常態になるなど、経営がマンネリになりがちです。

お互いに意識しあい、切磋琢磨する仲間がいることは、結構大切な要素なのです。いい意味での競争はよい刺激になりますし、地域のイベント情報などを共有して協力することもできますから、地域の活性化にもつながります。

出店のなかった地域に展開することも必要ですが、既存店がある地域に新店を出すことにも別の意義があるのです。そういう差配をするのも、私たち国内店舗開発部の腕の見せ所ですね。

シャトレーゼのオーナーは有り難いことに、長く続けてくださる方が多いのです。加盟契約は10年単位ですが、20年選手もいらっしゃいますし、30年続けてくださっている方もいて、店舗の撤退がほとんどありません。1年に1店舗あるかないかです。

工場直売システムが始まる前から契約してくださっている方の中には、もう3世代目の経営者という方もいらっしゃいますし、家業としてお子さんが引き継がれる事例もずいぶん増えてきました。副業として1店舗から始め、複数店舗のオーナーになってこちらを本業に切り替えたという方もいらっしゃいます。

もちろん、オーナーのご家族だからといって、無条件に引き継げるわけではありません。新規で始める方と同様に審査させていただきますし、研修に来ていただくことなども必要です。店舗があれば建設費は抑えられますが、再契約の際に改装したり、什器を入れ替えたりしていただくこともありますから、そういった費用も発生します。

お菓子は日常に彩りを与えるもの。季節のイベントだったり、何かうれしいことがあったりしたときの演出としての役割もありますから、非日常的な夢のある空間であることも必要なのです。

シャトレーゼにはじめて来店された方はみなさん、常時約400種類という品揃えを見て「お菓子のテーマパークのようだ」と喜んでくださいますが、わくわくする気持ちが高まる店構えを維持することも、結構大切なんですよ。

店舗展開の新しい波

長らく郊外にワンストップ型の店舗を展開してきたシャトレーゼですが、ここのところ風向きが少し変わってきました。その一つが、プレミアム感を前面に打ち出した「YATSUDOKI」ブランドの出店です。「YATSUDOKI」の詳しい話は第4章でふれますが、首都圏の中心に打って出たことの意義は大きかったと思います。

これで、郊外のワンストップ型とは違う需要への対応が可能になりました。銀座、白金台、自由が丘、吉祥寺と、あえて高級スイーツの激戦区に立て続けに直営店をオープンさせて、「YATSUDOKI」がそうした地域でも十分通用する品質であることを証明しました。

2019（令和元）年9月の銀座店を皮切りに、関西や北海道にも出店を果たし、2021（令和3）年9月現在、20店舗を展開するまでになりました。今後は「シャトレーゼ」と「YATSUDOKI」の二つのブランドを平行して店舗展開を進めていくことになります。

ただ、必ずしも郊外は「シャトレーゼ」、都市部は「YATSUDOKI」になるとは限りません。「YATSUDOKI」が提供するプレミアムな価値を求めるのか、「シャトレーゼ」のおいしいのにお値打ちという価値を求めるのか。出店地域の潜在的なニーズを見極めることも、必要になってくると思います。

シャトレーゼの集客力が注目されるようになったことで、都市部の駅ビルや量販店からも出店のオファーが相次いでいます。

制約の多い都心型の商業施設への出店は長らく避けてきましたが、2016（平成28）年ごろから、出店しても見合う条件を提示した要請が来るようになったのです。シャトレーゼの出店が集客の起爆剤になることを期待してのオファーですが、都市部の消費者からも「郊外だけではなく、都市部にもお店を出してほしい」という声が多く寄せられるようになったこともあり、家電量販店や総合スーパーでの出店も手がけるようになりました。

新型コロナウイルス感染症の影響で飲食店業界の不振が続く中、「この店舗を使って業態転換したい」という相談も、間に合わないぐらい多くなっています。

しかし、申し訳ないのですが、すべてをお引き受けするわけにはいきません。

シャトレーゼの看板を掲げれば儲かりそうだから、という駆け込み寺的なお申し出の場合は、ご期待には添えないでしょう。また、勝算がないことが明らかな立地に出店していただくこともできませんから、「ここではできません」と、きちんとお断りすることも、もちろんあります。

現時点での目標は、早急に国内1000店舗を達成すること。出店ペースには波がありますが、平均すると1年に30店舗の割合で店舗数を伸ばしてきました。いまは波に乗っているところですから、予想よりも早く達成できるかもしれません。

ただ、やみくもに店舗を増やせばいいとは思っていません。加盟条件の第一に掲げているのは、「シャトレーゼの経営理念に賛同される個人、または法人」であることです。

「利他の心」を持った方、「三喜経営」に心から賛同してくださる方にこそ、仲間になっていただきたいと思っています。

第2章

おいしさへのこだわり

素材が決め手の商品戦略

ファームファクトリー構想

目指したのは「おいしくて安い」

シャトレーゼが誕生した昭和40年代の日本人にとって、ケーキなどの洋生菓子は、クリスマスや誕生日といった特別な日に食べるもの。10円シュークリームは、その特別な洋生菓子の常識を破ったさきがけです。

めったに口にできない贅沢品、子どもたちにとって憧れの洋生菓子を、手の届く価格で届けよう。それが、当初のシャトレーゼの目標でした。もちろん、甘太郎のときと同様に、材料によいものを使うという方針は変えていません。

そのころの安いケーキは、甘ったるくてベタベタしたバタークリームを使うところが多かったのですが、シャトレーゼは最初から生クリームを使いました。バタークリームには日持ちするという利点もありますが、日持ちさせたいというのは、作り手経営の数字だけを見ていると、原材料費を下げて利益を上げることを考えがちですが、これは一番危険なやり方です。僕は常にお客様の目線で見ていますから、やはり原材料費は惜しまずに、おいしいものを作らなければならない。

安い材料を使って値段を落としたり、おいしさよりも保存がきくことを優先したりするのではなく、それ以外のところで工夫するのが、創業以来貫いてきたシャトレーゼの方針です。

製造にかかるさまざまなコストを見直し、効率よく生産して、ほかよりも3倍5倍と売れるようにすることで、十分利益は上げられます。製造工程を機械化することで人手を省き、不要な人件費は抑える。

これは同時に、なるべく手でふれる作業を減らすことで、菌の繁殖を防ぐといった衛生面での配慮にもつながります。

工場直売の店舗展開を始めてからは、問屋や小売店での中間マージンもなくなって、お客様に喜んでいただける安さが実現しました。

最初は価格に驚いて手に取ってくださり、次に食べておいしさに驚かれます。みなさん「安いのにおいしい」と言ってくださいますが、そうではないのです。おいしさ（工場）や売り手（店）の都合。お客様が求めているのは、おいしさです。

には手を抜かず、それなのに安い。シャトレーゼが目指してきたのは、「おいしくて安い」です。

名水との出会いが転機

シャトレーゼのおいしさへのこだわりを象徴しているのが「ファームファクトリー」という考え方。お菓子作りに必要な素材を、農場・農園から直接仕入れて工場に送り、できる限りの新鮮さでお菓子にするというシステムです。

この構想を打ち出したのは、名水で知られる白州に工場を建てた1994（平成6）年のこと。水というのは原材料欄には記載されませんが、すべての商品に関わる大切な原材料の一つです。

素材の味を生かすためには水にもこだわりたいと思い、環境省の「日本名水百選」に選ばれた白州の地に、工場を造ることにしました。

ここは甲斐駒ヶ岳を含む南アルプスの山岳地帯に属し、地下には花崗岩《かこうがん》の地層が広がっています。南アルプスに降り注いだ雨や雪解け水が、長い年月をかけて花崗岩の層でろ過されることで、ほどよくミネラルを含んだ軟水が生み出されるのです。

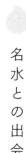

▶独自のモデル「ファームファクトリー」

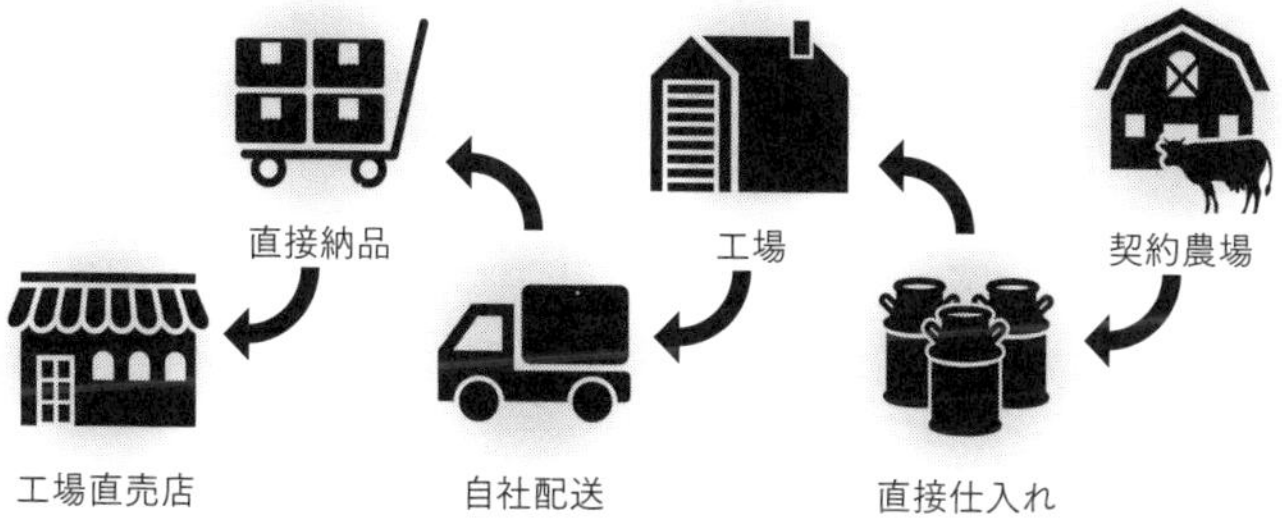

中間コストを一切カットし、自社工場から全国のお店へ直接配送する、
問屋を通さない流通システム。
上質な商品をお値打ち価格でお届けする知恵

飲み比べていただければわかりますが、雑味がなく、すうっとのどを通り抜け、舌に残る後味の悪さがまったくありません。出汁をひいたり、お茶を淹れたりしてみるとよくわかるのですが、余計な成分を含まない分、素材の味を引き出し、引き立ててくれるんですよ。

アイスやゼリー、水羊羹など、特に水の影響を受けやすいお菓子の原材料欄には「白州の水」と書いてもいいくらい、大切にしています。

余談ですが、白州工場のすぐ近くには、サントリーが「白州」という銘柄で、高級ウイスキーを作っている蒸留所もあります。

名水を使えるようになったことが、大きな転機になりました。

白州名水を運ぶタンクローリー

シャトレーゼのお店に並ぶ商品は現在約400種類あって、これらはすべて自社製品です。工場内の清掃や機械の洗浄には水道水を使いますが、調理で使用する水は、すべて天然水を使っています。

たとえば、あんこを作る場合、炊くのに使う水だけではなく、小豆を洗う段階から白州の水を使います。乾燥した豆はかなりの水を吸いますから、最初からいい水を使うことが肝心です。中道工場や豊富《とよとみ》工場でも、タンクローリーで片道1時間以上かけて運んだ白州の水を使っています。

通常の輸送車なら、行きも帰りも荷物を積んで効率よく使うのが当たり前なのですが、天然水用のタンクローリーにほかの何かを入れるわけにはいきませんよね。帰りは当然、空のままです。

天然水ならタダで使えるように思われるかもしれませんが、水の輸送だけで年間数千万円単位のコストをかけています。

直接契約で産地を創出

お菓子は食べものですから、原材料のほとんどが農作物です。僕は農家出身ですから、農家の人たちの気持ちがよくわかります。そういう視点を生かして、よい材料の入手経路の開発にも取り組んできました。

たとえば、昔の苺はいまよりも酸味が強く、露地ものの旬といえば春先から初夏にかけての短い時期だけ。真夏の苺も真冬の苺も、贅沢品でした。

特に困ったのが、真夏です。アメリカからの輸入品に頼らざるを得なかったのですが、形も大きさもバラバラだし、食べると酸っぱい。苺はショートケーキに欠かせない材料ですから、「それなら、日本で苺を作ってもらおう」と決めました。

当初は寒い地方がいいだろうと考え、北海道の農家の方にお願いしました。良心的な農家なら、みなさん、いいもの、おいしいものを作りたいと思っています。

肝心なのは、その努力に見合った報酬です。それが担保できるなら、産地を作ること自体は、さほど難しいことではないと思っています。

もちろん、口で説明するだけでは信用していただけません。ですから、「苺を作ってくれませんか」とお願いして、最初に「やってみましょう」と言ってくださった方の苺を、なるべくいい値段で買い上げます。

そうすると、周囲の人たちも「苺作りはちゃんと商売になるんだなあ」とわかってくれて、「うちもやりたい」「やらせてほしい」と次々に手を挙げてくださるようになります。

少し話が脱線してしまいましたが、地元山梨にはお菓子作りに不可欠な卵を扱う養鶏家も、牛乳を扱う酪農家もいらっしゃいます。お菓子を彩る果物も豊富です。生産者と直接つながることができれば、その日のうちに採りたて・搾りたての原材料を、農園・農場からダイレクトに工場へ送ることができますよね。

ファームファクトリーは、直訳すれば農園工場。農園と工場が直結することをイメージした言葉です。先ほど例に出した苺のように、どうしても必要なものから順番に開拓していきました。

それではこの先の詳しい話は、長年僕と一緒に取り組んできた社長の古屋勇治《ふるやゆうじ》から話してもらうことにしましょう。

契約農家との取引がもたらすもの

——代表取締役社長・古屋勇治

素材へのこだわりは「シャトレーゼの良心」

まずは、洋菓子作りに欠かすことのできない卵のことからお話ししましょうか。

一般的に、手作りメインの規模の小さな洋菓子店は、生の卵を手で割って、ホームメイドと同じ方法でお菓子作りをします。

けれども1990年当時、シャトレーゼの年商は約50億円。これだけの規模の菓子製造会社になると、通常は「液卵」といって「割って混ぜた状態の卵」を仕入れます。液卵には液卵黄、液卵白、卵黄と卵白を攪拌した全液卵とあるのですが、シャトレーゼも当初は、卵専門の会社から液卵を買っていました。ただ困ったことに、購入した卵によって、商品の出来栄えが変わるのです。

具体的にいうと、スポンジが浮く（ふくらむ）ときと浮きが弱いときとで、ばらつきが出てしまうのです。

スポンジを浮かせるのは卵の力、詳しくいえば卵白の力です。卵白を根気よくかき混ぜると、ふわふわなメレンゲになりますよね。この混ぜたときに泡立つ力で、スポンジが浮いたり浮かなかったりするのです。

ところが、割ってからある程度の時間が経った液卵だと、どうしても卵の力が弱くなります。通常ならそのバラつきを補うために、膨張剤などの添加物を入れます。スポンジを浮かせるためのふくらし粉ですね。でも、私たちはできれば添加物は使いたくありません。

では、どうするか。

「産みたて・割りたて」の新鮮な卵を使うことができれば、添加物は使わずにすむはずです。

なるべく割りたての液卵をと注文して、「この卵はいつ割りましたか?」と聞くと、「朝、割りました」「昨夜、割りました」と約束通りの答えが返ってきます。でも、卵を大量に扱っている会社ですから、「いつ産まれましたか」「どこの卵ですか」と聞いても、出所まではわからない。いまでいう、トレーサビリティ（商品の原材料の調達から生産、そして消費または廃棄まで追跡可能な状態のこと）がないわけです。

そこで、「それなら卵を直接仕入れ、自分たちのところで割ろう」という話になりました。根底にあるのは、「素材へのこだわりはシャトレーゼの良心だ」という考えです。

「新鮮卵」から「専用卵」へ

シャトレーゼの工場があるのは山梨という地方ですから、養鶏場も少し離れた場所に結構あります。養鶏家の方々が集まる会議に飛び込ませていただいて、私たちの考え方をお伝えして、協力を仰ぎました。

生産者というのは、みなさん、誰もがおいしいものを作りたいという気持ちをお持ちです。会合に参加させていただいたり、お手伝いさせていただいたりと、何度も通ううちに、「いいものを使って、安全な商品を作りたい」という私たちの思いが通じ、直接契約にこぎつけることができました。

年商50億円規模の生産量に必要な卵ですから、膨大な数の仕入れが必要です。これはその当時（１９９０年）の数字ですが、山梨県で生産される卵の約半分ぐらいをシャ

1分間に500個の卵を割る割卵機

トレーゼが直接契約して、使わせていただいた計算になります。

現在は、毎日18トンを超える新鮮な卵を近隣の契約農家から仕入れ、ケーキやシュークリームの製造ラインのすぐ隣の割卵機で割っています。1分間に500個の卵を高速で割る機械です。早ければ、今日産まれた卵が、明日には焼き立ての生地に生まれ変わっています。


卵に限った話ではありませんが、ものの値段は需給バランスで決まります。

頑張っていい卵を作っても、高く売れるとは限りません。供給が多ければ安くなるし、少なければ高く売れる。

生産者は相場を意識しないとやっていけま

せんから、せっかくの産みたて卵も、「週末になれば相場が上がるから、週末に出荷しよう」となってしまいがちです。季節によるバラつきもあり、冬は需要があるからよい値がつき、夏は消費が減って安くなります。

私たちはケーキに合う卵、おいしい卵、安全な卵を作ることに専念してもらうかわりに、農家の方の利益を見込んだ固定価格で買うことにしました。ダイレクトに買うことで流通コストを抑えていますから、その分、代金を上乗せしても、決して高い買い物にはなりません。

養鶏家にしてみれば年間を通して安定した値段で売れますから、相場にわずらわされることなく、鶏の健康管理や餌の管理に心を配り、おいしい卵、安全な卵を作ることに集中できるわけです。

お客様は、おいしくて安全なお菓子が食べられる。農家は、利益を得ながら心置きなくおいしいもの作りに専念できる。私たちも、人に喜んでいただいて、誇りを持って安全なお菓子作りができる。

ファームファクトリーは、礼是の「三喜経営」に適った仕組みなんです。

産みたての卵を仕入れ、自社で割卵できるようになれば、次の目標は「お菓子作りに合う卵の開発」です。シャトレーゼには農産部という部署があって、生産者の方と手を携えて、一次原料となる農作物の開発を行っています。

養鶏家の方と協力して飼育環境の見直しや餌の開発にも取り組み、２００５（平成17）年に最初のお菓子専用卵が完成しました。

さらに研究を重ね、２０１２年にはカステラ専用卵も完成。２０１６年には、お菓子専用卵の進化版となる卵黄の濃い卵も誕生しました。さらに挑戦を続け、香りもコクも豊かなプリン専用卵が完成したのが２０１８（平成30）年。

この特別な卵を使った商品が、「無添加　契約農場たまごのプリン」です。原材料は卵と牛乳、砂糖だけ。これなら、小さなお子さんでも安心しておいしく食べていただけます。

牛乳は、八ヶ岳の野辺山高原にある契約牧場から毎日生乳を仕入れ、牛乳本来の栄養や風味が残るように、65度の低温で30分かけてゆっくり低温殺菌しています。

少し時間はかかりますが、高速で行う超高温殺菌のものと比べて、ほんのり甘く、牛乳本来の風味が残るのです。搾乳から検査を経て工場に届くまでに約1～2日、そして3日以内には商品に生まれ変わります。

八ヶ岳高原にある契約牧場

契約牧場牛舎。牛には1頭1頭名前がついている。その数、数百頭！

シャトレーゼの約400種類あるお菓子のうち、約半数が牛乳を使った商品ですが、この牛乳のおいしさがはっきりわかるのが「八ヶ岳契約牧場しぼりたて牛乳バー」などの牛乳アイスのシリーズです。ファンになってくださる方も多いんですよ。

無添加・減添加への挑戦

卵はおいしさを追求する方向に進化を続けていますが、最初にお話しした通り、はじまりは膨張剤などの添加物を使わずにお菓子を作るにはどうしたらいいか、というところからでした。

添加物というのは結局、作り手や売り手の都合なのです。食べるほう、お客様の都合は一つもありません。

扱うものが食品ですから、かびたり、色が変わったり、風味が落ちたり、傷んでしまったり、作りづらかったり、日持ちがしなかったりするのは当然で、それを避けるために使われるのが添加物です。

添加物を入れればそういう困った事態は、いかようにもコントロールできます。色が悪ければ着色料、香りがなければ香料、何かを補うのが添加物の役目です。

でも、それは決して消費者に求められていることではないですよね。

たとえば、乳化剤という添加物を入れれば、水と油もあっという間に混ざります。でも、私たちは、卵黄に含まれるレシチンなどの自然な乳化作用の力を借りて、バターなどの油脂分と水分をなじませています。何も補わないのなら、圧倒的な素材のよさを貫くしかありません。

これからの時代、確実に少子高齢化が進んでいきます。

親の気持ちになれば、自分の子どもには安全でおいしいものを食べさせたいと思いますよね。高齢者にしてみれば、「健康で長生き」が第一ですから、体によくておいしいものがいいわけです。どちらを向いても求められるのは、「安全でおいしいもの」。消費者が求めているのは、そういうものです。

だから、健康や安全やおいしさに無関係な余計なものは使わないか（無添加）、どうしても必要なときも極力減らすか（減添加）、自然のもので代替するようにしています。たとえば、鮮度や、やわらかさを保つための安定剤や乳化剤の代わりに「じゃがいもでんぷん」「寒天」「こんにゃく粉」を使うといった工夫です。

お客様にもFCオーナーにも「どうしてシャトレーゼの食パンは数日しかもたない

の？」とよく聞かれます。そういうときは、「無添加・減添加が基本なので、どうしても賞味期限は短いのです」「添加物を入れれば日持ちはしますが、うちはそうではないほうを選んでいるのですよ」と、説明するようにしています。

アイスにも賞味期限

賞味期限の話が出たついでにお話ししますと、普通はアイスに賞味期限はついていません。

アイスクリームは微生物が繁殖できないマイナス18度以下で冷凍保存しますから、理屈でいえば品質劣化しにくいのです。「アイス類にあっては、期限及びその保存方法を省略することができる」と、消費者庁食品表示基準の規定にも定められています。

でも、シャトレーゼのアイスにはすべて賞味期限をつけました。なぜだと思いますか？

普通は、アイスを食べたあとは、のどが渇いて、何か飲みたくなりますよね。でも、シャトレーゼのアイスは、食べてものどが渇きません。後味もすっきりしています。

なぜかというと、一般的なアイスには安定剤や乳化剤などの糊料といわれる糊状の

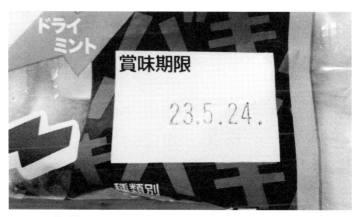

アイスにも賞味期限をつける

続々と作られるアイス

ものが入っていて、これがのどに残るんです。糊状といっても食品に分類されるものですから、食べても問題はありませんが、私たちは使いません。

ただ、さっぱりしている反面、アイスが溶けやすくなるという弱点があります。開け閉めが頻繁な家庭用冷蔵庫の冷凍室では、表面が溶けたり凍ったりしやすいので、どうしても風味が落ちたり、表面の食感が悪くなってしまいます。人工着色料も使っていませんから、たとえば赤いかき氷などは1年半ぐらい冷凍庫の中に入れておくと、赤い色素が抜けてきてしまいます。

アイスといえど、できたてがおいしいのは、ほかのお菓子と一緒です。できるだけ早く、品質が変わらないうちに食べていただきたい。そういう思いから、賞味期限をつけるようにしているのです。

トレーサビリティへのこだわり

ファームファクトリーが始まったころはまだ、日本にトレーサビリティという言葉は広まっていませんでした。食品添加物や賞味期限などが大きく問題になることもなかった。

食品表示が大きく取り上げられるようになったのは、２０００年代に入ってからです。産地や賞味期限・消費期限を偽る食品偽装問題が相次ぎ、食の安全性が大きくクローズアップされるようになりました。

シャトレーゼでは、そうなる以前から食の安全にこだわって、無添加・減添加に挑戦してきたのは先にお話しした通りです。そして「いつ、どこで、誰が作った」食品なのかも重要視してきました。

その一つが、どんなに安く仕入れられるとしても、作り手の顔が見えないもの、素性のわからないものは買わないという姿勢です。いい例が、桜餅に使う桜の葉です。

安い外国産の桜の葉の塩漬けは、1枚1円で仕入れることができるのですが、桜の葉は柏餅の葉っぱと違い、多くの方がそのまま召し上がる食品です。衛生管理の面での杜撰さが見つかった時点で、きっぱりとそういうところからの仕入れはやめました。

しかし現在、日本で消費される食用の桜の葉の97パーセントは外国からの輸入品で、国内生産はわずか3パーセントにすぎません。値段は輸入品の10倍で、1枚10円になりますが、それを使わせてもらうことにしました。

シャトレーゼの桜餅に使われている葉はすべて、伊豆のオオシマザクラです。

私たちも現地に行っていますから、生産者のみなさんとは顔見知りですし、生産者の方々もシャトレーゼのこだわりに共感してくださっています。ご高齢の方も多いのですが、そういうことならと頑張ってくださって、香りのいい良質な塩漬けの葉を使うことができているのです。

そういう意味もあって、一般的な菓子業界の原価率に比べて、シャトレーゼはそれより10パーセント以上は高いと思いますが、ここは譲れないところだと思っています。

契約農家から直接仕入れるというのは、新鮮なだけではなく、生産者の顔がわかっているということ。きちんとトレーサビリティがとれているということです。

食の安全性の観点からも、1990年代にスタートしたファームファクトリーというシステムの先見性を感じています。

「完熟」が使えるという利点

シャトレーゼの強みは、やはり山梨にある会社だということです。私は毎日ぶどう畑を過ぎ、桃畑を過ぎて通勤していますから、わざわざ調べようとしなくても、もうすぐ食べごろになるなというのがわかります。

桃を例にとると、生産者が出荷する桃と、自家用に食する桃とでは完熟度合いが違うのです。出荷された桃は農協の管轄下にある「共選所」というところで選別するのですが、ベルトコンベアーでごろごろ転がすことになりますから、やわらかいものは出せません。

さらに共選所から市場へ、市場からスーパーマーケットへと運ぶのに2日から3日はかかりますから、完熟したものを出荷したら3日目には傷んでしまいます。だから、少し早採りのものを出すしかない。それがいまの社会、流通の仕組みです。

けれども自家用なら、100パーセント完熟したものを食べることができます。同様に、農場からダイレクトに工場に届く私たちのところなら、生産者が自宅で食べるような100パーセント完熟のものを使うことができます。

よいものを一所懸命作っている人ほど、現在の農作物の流通の仕組みに不満を持っています。

というのも、食べごろの本当においしいものが出せないというだけではなく、農協の基準は「優」と「秀」の二つしかないので、栽培管理をしっかりやって、どれだけ手をかけていいものを作っても、その上の基準がないのです。そこそこ優秀なものも、飛び抜けて優秀なものも一緒。それなりの値段です。

それでは、よいものを育てようとする情熱も、かけた労力も報われません。

だから私たちが契約するのは、そういう情熱を持った作り手です。桃やぶどうは地元ですから、「あの人は、本当に手をかけておいしいものを作っているよ」という情報が、知り合いや地域の方たちから入ってきます。

最初に声をかけるのは、そういう方です。そして、いい人と縁がつながれば、あとは「類は友を呼ぶ」のことわざ通りの輪が広がっていきます。

志の高い生産者が作った完熟の果物が使えるのですから、おいしくないはずがないですよね。

農業の後継者が育つ環境を

桃やぶどうなど、地元のよい素材を使うと同時に、それぞれの作物に適した産地とも契約させていただいていますから、契約農家は山梨県だけではなく、全国に広がっています。

あんこに使う小豆は、エリモショウズという品種がとてもいいのです。味も香りもよいことから、老舗の和菓子店も愛用している小豆です。

かつては北海道を代表する品種だったのですが、エリモショウズは連作に弱く、収穫後7年以上はその畑を使って育てることができません。

そのため、年々生産者が減っている現状があるのですが、私たちは十勝地方の生産者の方にお願いして、シャトレーゼのためにビーンズクラブを作っていただき、できるだけ有機栽培に近い小豆作りに、グループで取り組んでいただいています。

正直なところ、ご協力いただけるようになるまでは、それはもう大変でした。

「おいしくて安心なものを作りたい」ということ自体は共感していただけますが、「始めたはいいけれど、本当に大丈夫なのか」「途中で頓挫して、投げ出されるんじゃないか」「結局は、値段の安いほうへ流れるんじゃないか」と心配されるわけです。

実際にそういう経験をされたり、話を聞いたりしたことがあるのだと思います。慎重になるのは当然です。信頼していただくためには、何度も通ってコミュニケーションをとっていくしかありません。

栽培を始めていただくようになってからも、年に数回は足を運んで、信用を深めていきました。

そういう中で、うれしいこともたくさんありました。

一番うれしかったのは、シャトレーゼのおはぎを持っていったときのことです。「みなさんが作ってくださった小豆のおはぎができあがりましたよ」と言ってお見せしたら、「おう！　これはおれの小豆だ」と言うのです。

シャトレーゼの商品としてではなく、その方ご自身のものとして見てくださった。その方もとてもうれしそうでしたが、私もすごくうれしかった。「シャトレーゼは（農家の）みなさんの売り場」、逆にいえば「農園は私たち（シャトレーゼ）の農場」という関係になれた瞬間でした。

もう一つ、これは何年も経ってからの話ですが、ある方が息子さんを呼んできて、「古屋さん、息子が跡を継いでくれるっていうんですよ」と笑顔で話をされるのです。それを聞いて、心からうれしかったです。

やはり、生産者にとって安定した売り先があるというのは、大きいことです。農家の方は口をそろえて、「こんなに大変な仕事は、息子には継がせられない。サラリーマンになれば、安定した収入があるから」とおっしゃいます。でも本音をいえば、自分の仕事を「継いでくれる」というのは、ものすごくうれしいことなんですね。

農家の方によいものを供給していただくことへの恩返しは、これからも買い続けること、買い上げる量を増やしていくことです。
いま、その使命が果たせているのは、お客様が喜んで買ってくださるおかげ。「おいしくて安心」「おいしいのに安い」にこだわり続けた結果だと思っています。

山で摘む天然のよもぎ

和菓子を始めた最初のころは、草餅などに使うよもぎは問屋から買っていました。でも、全然香りがしないんですよ。

色はいいのですが、それは着色している色だと言うので、「それなら、山から採ってこようじゃないか」という話になったのです。これも地方にある会社だからこそ、できることですね。

よもぎの旬は春先から6月くらいまでなので、この時期に1年分のよもぎを収穫し、一次加工をして保存しておきます。ただし、シャトレーゼが1年間に使うよもぎの量は約7トンです。これを手摘みで集めるわけですから、気の遠くなる作業です。

やわらかい若い芽のところを親指で測ってポキッと折るのですが、その重さはたったの約1グラム。社員が一丸となって、黙々と摘んでいきます。もちろん、私も以前

よもぎを摘むのも社員の仕事

は摘みに行きました。

最初はよもぎがどこに生えているのか、どうやって摘むのかまったくわかりませんでしたから、山をよく知っている山師の方にお願いして、よもぎ採りを指南してもらいました。

山には持ち主がいらっしゃいますから、当然無断では摘めません。交渉して、摘ませていただいています。

山で摘むならタダみたいに思われますが、社員の労力や謝礼などを考えれば、買ったほうが断然安い。でも、山で自生している天然のよもぎには、何ものにも替えられない豊潤な香りとやわらかな口当たりがあります。それを知ってしまったら、もう後戻りはできません。いまではすっかり、春の恒例行事になりました。

素材の話をし始めると、もうきりがないくらい、さまざまな逸話がありますので、ひとまずこのくらいにしましょうか。シャトレーゼ独自の製法については、専務取締役の永田《ながた》晋《すすむ》の話を聞いてください。

商品力を支える「素材力」と独自製法

――専務取締役・永田晋

約400種類すべてを自社製品に

シャトレーゼは工場直売店という業態の中で、何度か店舗形態を変えてきています。1985（昭和60）年に工場直売店を始めた当初は、屋根つきの屋外にアイスストッカー10台以上がずらりと並ぶ「ウイング型」店舗を展開していました。訴求ポイントは、もちろんアイスです。

これでスイーツ市場のうち、アイスのシェアはとれるようになりましたので、1990（平成2）年からは「デザートならなんでも揃う」を謳い文句にした「テラス型」店舗を展開して、洋菓子と和菓子の充実を目指しました。

具体的にいうと、ウイング型店舗のころはお菓子の売り場は12坪ほど、これを約3倍の30坪にして、お菓子の品揃えを増やしたのです。これにより、ウイング型の時代

▶変化し続ける店舗形態

ウイング型店舗（1985年7月～）
工場直売店をオープン。3人の子どもが並ぶマークで店名は「ごきげんいかが」

テラス型店舗（1990年～）
コンセプトは「デザートならなんでも揃う」

コテージ型店舗（1995年～）
ファームファクトリーを始めたころ

パティオ型店舗（2003年～）
アイスストッカーを店内に移し、店内加工も強化

都市型店舗（2007年～）
都心部での店舗はあえてレトロなデザイン

ボルドー型店舗（2009年～）
落ち着いたワインカラーの外観に

は売り上げのいいお店でも年商1億円ぐらいだったのですが、テラス型店舗にしたことで、1店舗あたり年商2億円が見えてきました。

現在は、2009年から展開を始めたワインカラーが基調の「ボルドー型店舗」が主流ですが、ファームファクトリーを始めたときは農園ふうの「コテージ型店舗」（1995年〜）、店舗内加工を強化したときは白を基調にした「パティオ型店舗」（2003年〜）と、その時々のシャトレーゼのメッセージが伝わるようにイメージを一新しています。

また、いまでこそ店舗に並ぶ約400種類の商品はすべて自社製品ですが、最初からすべての商品を自社で製造していたわけではありません。当初は、ワンストップ型の店舗に必要な品揃えを確保するために、他社製品のよいものも仕入れて並べていました。

ある程度アイテムが充実してきたのは、2000年代に入ってからです。1994年に白州工場が完成し、1996（平成8）年に豊富工場ができて、自社で扱える商品が飛躍的に増えました。

それまでは、年商2億円規模の店舗をFC方式で水平展開していきましたから、供給体制が間に合わず、余裕がなかったのです。

製造を強化していくタイミングで「お客様がシャトレーゼに求めるものは何だろう」と考え、少しずつ「こんなのがあったらいいよね」という商品に差し替えて、約400種類のお菓子を自社製造する形にシフトしていきました。

素材にこだわり、無添加にこだわり、しかもおいしくて安いという無理な注文なのですから、これはもう自分たちで作るしかありません。

アイス、洋菓子、和菓子、その他と扱う種類もさまざまですし、自社でこれだけの数の製造をしていることに驚かれることも多いのですが、それについては「プレジデント制」という仕組みに行きついたことも大きかったと思います（第5章参照）。

ひと口にスイーツといっても、たとえばケーキと大福では、まったく特性が違います。プレジデント制では、1ラインにつき一人のプレジデント（社長）が担当商品の特性を熟知して、責任を持って担当しています。

つまり、大きな枠組みでいえばシャトレーゼという一つの会社なのですが、白州工場の中にはアイス会社やあんこ会社があり、豊富工場は米菓会社やプリン会社があるという具合に、ミニマムな視点で見ればすべて専業体制で作っています。

シュークリームは作れるけれどお団子は作れない、煎餅は作れるけれどアイスは作れない。そういう各チームが自信と責任を持って、商品を送り出しています。

精米から始めた煎餅作り

シャトレーゼの煎餅は、玄米の段階で仕入れ、自社精米するところから始まりますが、まだ1999（平成11）年ごろまでは、他社で作った煎餅を仕入れていました。

多くの煎餅店というのは、お餅を裁断したペレットを仕入れてそれを焼くというところが多いのです。ペレットを作っている会社はだいたい東北地方のお米の産地にあるので、原料のお米自体はよいものなのだと思いますが、そういう作り方だと、お米本来の風味が生かせません。

そこで、「お餅が香る煎餅を作ろう」と、自社精米から始まる煎餅作りをスタートさせ、季節ごとのお米の味を反映させたいという思いを込めて「香季餅《かきもち》」と名づけました。

ただ、自社精米をするとぬかが出ますが、それは衛生管理上よくないのです。ですから、精米場所は工場の外に造り、ジャスト・イン・タイム（「必要な物を、必要な時に、必要な量だけ」生産または調達すること）のタイミングで現場に組み込むようにしました。

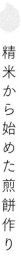

細かい工程は企業秘密になりますので詳しくは申し上げられませんが、精米したての米で餅を作り、それを煎餅へと仕上げることで、目標とした香りのいいものが作れるようになりました。

もちろん、最初からうまくいったわけではありません。やったことのない生産ラインでやったことのない工程を試みるわけですから、最初は大量のロスが出ました。こんなことを自慢してはいけないのですが、豊富工場の煎餅製造フロアいっぱい「割れ煎餅の山」です。

さて、どうしたものかとなるわけですが、やはり「困ったときこそ知恵が出る」のです。

煎餅としては商品になりませんが、味も香りもいい。そこで、もっと細かく砕いて、チョコレートクランチを作ることにしました。それがやたらに売れましてね。今度は煎餅が足りなくなって困るくらいでした。

チョコレートも自社で扱っていたおかげでチャレンジできた発想ですが、多種多様なお菓子を扱っていると、こういう応用がきくというのも強みです。

自分で言うのもなんですが、多くの失敗を経験したおかげで、ロスをどう生かすかという知恵に関しては、非常に優れた才能を身につけたように思います。

目標はパティシエのスポンジ

新たな製造ラインを創出することと平行して、15年ぐらい前から従来の製造ラインの見直しも行ってきました。

たとえばケーキに使うスポンジの作り方ですが、昔は量産のための発想で、たとえるならメリーゴーランドのような大きな機械で製造していたのです。一度に200キログラムの材料が仕込める五右衛門風呂みたいな巨大なボウルが四つ並んでいて、がちゃん、がちゃん、がちゃん、がちゃんと回っていくんですよ。

最初の「がちゃん」で粉と卵が投入され、次の「がちゃん」で砂糖が入って、次の「がちゃん」でホイッピング（溶液状もしくは懸濁している液体をかきたてて、泡を含む状態にすること）され、次の「がちゃん」で香料が加わり、それがベルトコンベアーで持ち上げられて自動で生地が注入され、スポンジが焼き上がっていくという仕組みです。

何が問題なのかというと、装置が大型ですから、当然ホイッピングするワイヤーも太いわけです。それでは攪拌にムラができて、生地のきめが粗くなります。

それに対してパティシエが使っているのは、両手で抱えられるほどの小さなボウルです。ホイッパーも細いワイヤーですからしっかり混ざり、きめ細かい生地に仕上がります。

量産で作られたものと小さなロットで作られたものとで、焼き上がりの風味の出方、食感、口溶けがまったく違ってくるのは、そういうわけなのです。

大手メーカーなどでは、この攪拌のムラを解消するために、化学の力を借りて均質化します。化学の力とはすなわち気泡剤、乳化剤、膨張剤、安定剤などの添加剤です。

しかし、シャトレーゼが目指すのは無添加・減添加ですから、きめの細かい滑らかな生地を作るためには、「一度に大量に作る」のではなく、パティシエが作るような小ロットにして、「次々作っていく仕組み」が必要です。これなら卵が持っている乳化力とか気泡力とかだけで、スポンジがふくらみます。

さらに原材料もスペックアップしていって、どこにも負けないものを作るという方向に切り替えました。

これはスポンジだけの話ではなく、どのお菓子も同様です。ベンチマーク（指標）の基準をワンランクずつ上げ、「あそこはおいしいね」と言われている洋菓子店の味と比べながら、引けを取らないおいしさ作りに、チャレンジしてきました。

ワンランク上げたのは、「よりおいしいものにしたい」という考えからです。同時に、私たちがお客様に「おいしい」と思ってもらいたい商品の品質は、量産型の大手メーカーの作り方ではないことを、より明確に示したかったからでした。

老舗和菓子店のおはぎを目指して

おはぎについても、手作りに近づける改良を行いました。

包餡機《ほうあんき》で作る量産品のおはぎというのは、機械でごはんを押し出して、その周りにあんこを押しつけて包むという方式です。それの何が問題かというと、機械で押し出されるために、つぶれたごはんはお餅のようになりますし、せっかくの粒餡もつぶれてしまうのです。

つぶれて何が起きるかというと、ごはんやあんこの中に含まれている水分が表に出てしまうため、最初のうちは顕微鏡で見ると水っぽい状態になっています。それが、時間が経つにしたがって乾燥していきます。そうなると食感も悪くなり、風味も抜けてしまうのです。

おはぎのあんこの包み方は町の和菓子店の工程を踏襲

ところが、評判のいい老舗和菓子店のおはぎは違います。ごはんの玉は当然手で整えていますし、あんこも手で包んでいますから、そうした劣化は起こりません。口の中に入れるとお米の存在感がありますし、香りもいいわけです。私たちはそういう品質を目指そうと、それまでの設備は全部撤廃しました。

とはいうものの、すべてを手作業で作っていたら人件費がふくらんで、「おいしくて安い」という価格で提供することはできません。個人店が作っている品質のいいものを、大量生産ではない形で量産化して、いかにコストを下げるかが鍵となります。

なるべく人手をかけずにお米を玉にするには、どうすればいいか。

そこで思いついたのが、お寿司のシャリを握る機械の存在です。ごはんの玉はこのアイデアを応用して作ることができたのですが、問題はあんこの衣です。

仕方がないので、当初はごはんの玉が出てくるラインに大勢の人が並び、あんこにストレスがかからないよう一つひとつあんこを手ですくい取りながら、整形していました。本当に、町の和菓子店と同じ工程を踏襲して量産化したのです。

そういうおはぎですから、一度お召し上がりになると「おいしい」と思っていただけるみたいで、その後も継続してお買い上げくださいます。毎年のように売り上げが伸びているのを見ると、努力が報われたなあと思いますね。

いまはあんこにストレスをかけずに切り出せる設備ができましたので、10人でやっていたことが一人で事足りるようになり、人手が必要な工程がずいぶん減らせるようになりました。

おいしさを科学する

おはぎは町の和菓子店の作り方を踏襲した工程を再現して、老舗の味を追求しましたが、まったく違う作り方で老舗の味に近づけることもあります。簡単にいうと、「なぜおいしいのか」を科学してそれを工程に分解し、その工程を再現する、というやり方です。

人間の味の感じ方には、前味、中味、後味という味を感じる順番があります。何を最初に感じて、あとに何が残るのか。「おいしさ」の感じ方には、きちんと理屈があるのです。

いまの若い世代は比較的食感で判断する人が多く、中でも「ふわふわ」とか「もちもち」といった食感が好まれています。でも、すうっと舌に広がる「口溶けのよさ」がおいしさの決め手になっているお菓子もありますから、必ずしもふわふわしていたり、もちもちしていたりすればいい、というものでもないのです。

スポンジのおいしさとは何なのか、おはぎのおいしさはどこにあるのか。口溶けがいいのか、食感がいいのか、甘さの出方がいいのか、風味がいいのか。

そうやって、おいしさの感じ方を突き詰めていくと、何が影響しているのかが見えてきます。それを工程内で再現するためにはどうしたらいいのかを、考えていくわけです。

たとえば、カスタードクリームのなめらかさは、小麦粉によるものです。

カレーやシチューと同様に、煮ることでとろっと糊化します。これに卵と牛乳と砂糖が入るとカスタードになるわけですが、卵には加熱すると凝固する性質があるため、糊化するスピードと凝固するスピードのどちらが勝っているかによって、なめらかに仕上がる場合と、ざらつきが出る場合が出てきます。

問題は、それをどうコントロールするか。

さらに砂糖が加わると、今度はメイラード反応といって、砂糖が焦げてキャラメリゼしたような風味が出てきます。ただし、メイラード反応を起こすためには、温度を130度以上に上げる必要があるのですが、150度以上に上げると卵が煮卵みたいになって、生臭くなってしまいます。

「糊化」と「凝固」と「メイラード」をどの順番で起こしていくとおいしいのかというのを見極めて、工程の中に落とし込んでいくわけですね。

パティシエはこれを一つの鍋の中で行っているわけですが、シャトレーゼはそれをいくつかの工程に分解して、最もおいしい状態で仕上げるようにしています。

ですから、専門家が見たら、「なんでこんな作り方をしているの？」と疑問に思うかもしれませんが、分析して工程に分けて量産できるようにすることで、お求めやすい価格で提供することを実現させました。

卵・牛乳・小麦粉不使用への挑戦

生産ラインを見直し、自社製品のラインナップが一通り揃ったところで、次に取り組んだのが、アレルギー対応のデコレーションケーキです。

いまは、乳児の1割程度が食物アレルギーを持つといわれています。卵、牛乳、小麦粉はケーキに欠かせない材料なのに、これらを口にすると命にかかわってしまう場合があるのです。

お誕生日やクリスマスに、お友達がおいしそうにケーキを食べているのに、自分は食べられない。そんな思いをしているお子さんにもケーキを食べさせてあげたいという、社員の提案から始まったプロジェクトです。

これが、「言うは易し、行うは難し」を地でいく苦労の連続でした。

先ほど、シャトレーゼでは添加物を使わずに卵の自然の力でスポンジをふくらませているという話が出ましたが（62ページ参照）、その卵が使えないわけです。材料を変え、製法を変え、何度も試行錯誤を繰り返すしかありません。

卵の代わりに大豆たんぱく質、小麦粉の代わりに米粉を使って、ようやくスポンジをふくらませることには成功したものの、どうにも食感がよくないのです。さまざまな配合を試しては焼くを繰り返し、なんとか口溶けのよいスポンジができたらと思ったら、今度は「牛乳を使わないクリーム」という難関が待っています。

いろいろな素材でクリームを作ってみて、最終的に豆乳に行きついたのですが、豆の青臭さがなかなか解消できませんでした。これも品種の違う豆乳を試したり、バニラフレーバーを調整したりして、なんとか完成にこぎつけました。

それが、「乳・卵・小麦不使用ケーキ」です。

デコレーションケーキのほかにショートケーキもあり、どちらも米粉のスポンジに、豆乳のクリームと苺のコンポートをサンドしてあります。トッピングの苺はのせずに冷凍して販売し、お召し上がりになるときに解凍して、お客様に苺などをのせていただく仕様にしました。

ケーキのほかには、卵と乳製品の代わりに、豆乳と植物油脂を使用したバニラミルク風味のアイスもあります。

これらのアレルギー対応商品は白州工場で作っているのですが、作るときは前後1

▶アレルギー対応ケーキの開発

卵と小麦粉の代わりに大豆たんぱくと米粉を使って、スポンジをふくらませる

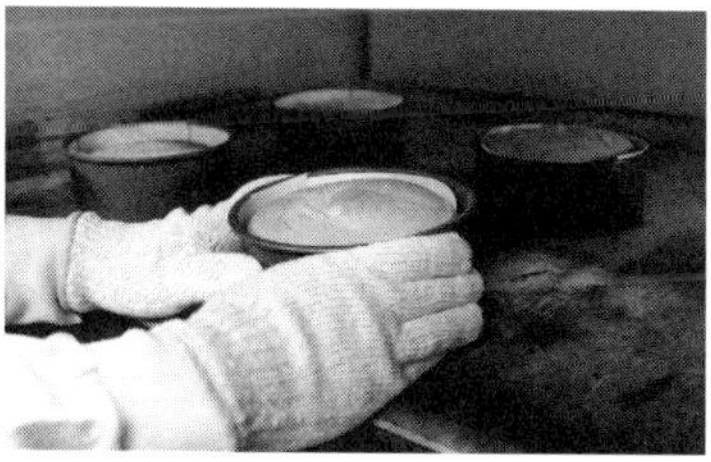

米粉特有のネチャッとした食感を解消するために、配合を調整

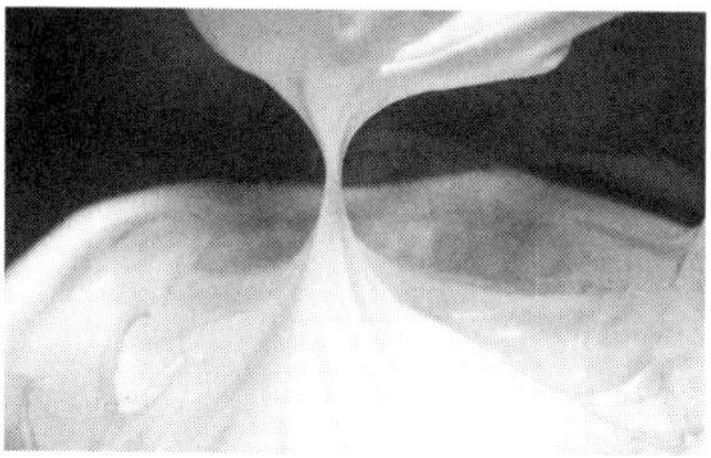

牛乳の代わりに豆乳を使用。豆乳特有の香りはバニラフレーバーを調整して解決

米粉のスポンジ、苺のコンポート、豆乳のクリームが7層になったデコレーションケーキ。別添のチョコレートプレートも牛乳・卵・小麦粉不使用

日ラインの製造をストップし、徹底的に清掃を行って、これらの商品だけを作ります。アレルギーというのは命にかかわる問題ですから、万に一つでも空気中に漂っている微細な粉が混入してしまったら、取り返しがつきません。

夏のかき入れ時、アイスの全ラインがフル稼働している時期にラインを止めるのは正直なところ痛手ですし、儲かる儲からないで言ったら完全に赤字です。

でも、そもそもが採算度外視。シャトレーゼに足を運んでくださるお客様に喜んでいただくことが目的の商品です。「こんなにおいしいアレルギー対応のケーキは食べたことがない」というお礼の言葉がお客様相談室に届くのを聞くと、やらなきゃいけないという使命感のほうが強いです。

アレルギー対応商品のほかに、甘いものを制限されている糖尿病の方にもお菓子を楽しんでいただきたいという意見から始まった糖質カットシリーズの商品も、ずいぶんラインナップが増えました。生活習慣病が気になる方やダイエット中の方にも、喜ばれています。

これも手間を考えたら正直なところ、個人的にはもう少し価格を上乗せしてもいいんじゃないかなと思わなくもないのです。しかし、「お値打ち価格」であることにあ

▶ 糖質制限がある人の強い味方 糖質カットシリーズ

糖質カットシリーズで高い人気を誇る「糖質86%カットのピザ マルゲリータ」

「糖質82%カットのテーブルパン」は朝食や小腹がすいたときにおすすめ

「糖質88%カットのとろけるショコラ 生チョコ風」はお酒にも合う濃厚な風味

くまでもこだわろうということで、この手の商品にしてはかなりの低価格に抑えられていると思います。

こんなふうに、お客様の「あったらいいな」に取り組むことができるのも、扱う商品が多品種だからです。アレルギー対応商品や糖質カットシリーズがメインの商材だとしたら、採算度外視などという悠長なことは言っていられません。

ほかの部門できちんと利益が出ているおかげで、お客様への還元という意味合いの商品にも取り組むことができるのです。

売れ筋商品の進化を止めない

そういうわけですから、ショートケーキやシュークリームのように、シャトレーゼの一番人気を競う定番商品には、しっかり稼いでもらわないと困ります。

そのためには、「シャトレーゼのアレでないと！」と思っていただける、とびきりのおいしさであることが必要です。だからこそ常に改良を続け、毎年のようにリニューアルを行ってきました。

地方の人間は保守的でとかく変化を嫌う傾向がありますので、以前は社員の中にも「人気があってせっかく売り上げもいいのに、なぜ変えてしまうの？」と言う人もいたのですが、ここ10年ぐらいの積極的な取り組みを通して、「なぜ変えるの？」から「どうやって変えましょうか」に、社員の意識も変わりました。

ただし、目先の新しさを狙ってころころ変えているわけではありません。常に腰を据えていいものを作ろうと思っていますから、毎回「最良のものができた」と思って送り出しているのです。ただ、半年ぐらいすると不満のポイントが見えてきます。

たとえば、ホイップクリームをグレードアップさせると、次はそのクリームに負けない口溶けのスポンジにしたくなる、といった具合です。そして、進化させつつも時々原点に立ち返ってベンチマークテストを行い、方向性が間違っていないかどうか、検証するようにしています。

お客様ってすごいんですよ。以前こっそり商品のスペックを変えたことがあるのです。「新発売」と謳うほどではないささいな違いだったのですが、それを見事に言い当てたコメントがお客様相談室に寄せられて、本当に驚きました。

変えたのは、フィナンシェに使っていたアーモンドの粒度です。「アーモンドの風味が増して、おいしくなりましたね」というおほめの言葉をいただきました。ヘビーユーザーというか、シャトレーゼの商品を購入してくださっている方というのは、作り手側よりも味に敏感なのだということを痛感した出来事です。

お客様はシャトレーゼの商品をお買い上げいただいて、それを「おいしい」という楽しさに変換して、召し上がっていらっしゃるのだと思います。ですから「おいしくない」「楽しくない」となったら不満になるのは当然です。

一方、作り手側は、砂糖何グラム、卵何個、攪拌何回という具合に、決められた通りに作れば、決められた商品ができるものと思い込んでしまうんですね。

ですが、シャトレーゼの場合、添加物で味を調整するようなことは極力避けていますから、素材の状態がダイレクトに味に反映します。卵を提供してくれる鶏も、牛乳を出してくれる乳牛も、旬に実る果物もみんな生きていますから、当然その日その日でブレがあります。

お客様は、そういう変化にも素直に反応されています。生産ラインの人間よりも、お客様のほうがよほどシビアです。

先ほど「仕上げのレベルを上げる」という課題をお話ししましたが、それに加えて「味の番人のベロ（舌）メーターを鍛える」というのも、今後のシャトレーゼの大きな課題だと思っています。

「ちゃんと作っているんですね」

シャトレーゼは洋菓子とアイスを扱う会社というイメージが強いせいか、「シャトレーゼの和菓子はおいしいよね」と言っても、説得力がないんです。でも、作り方の工程としては、洋菓子よりも和菓子のほうが、一層こだわっていると思います。

先ほどお話ししたように、煎餅は玄米を精米するところから作っていますし、白州工場では約80種類のあんこを自社で炊いていて、お菓子ごとに使い分けています。小倉アイスに入れるあんこと、おはぎにするあんこと、大福にするあんこは、見た目は似ていても、実は全部違うあんこです。

少子高齢化の進行でこれからますます和菓子の需要が伸びていくでしょうから、特にここ5年くらいは和菓子のスペックアップにも非常に力を入れてきました。本当においしくなったと思います。

お団子なども自社で精米した米を粉に挽いた上新粉を使っていますから、社外の方々からは「ここまでやっているのですか」「ちゃんと作っているのですね」と驚かれるほどです。

ただ、せっかくここまで作っているのに工場から店舗までのタイムラグがありますから、本当の意味での作りたてを提供できないというジレンマがあります。

そういう意味では、作りたてのお団子をその日のうちに売り切ってしまう町の和菓子店にはかなわないので、まだまだ工夫の余地はたくさんあります。

これからも試行錯誤を重ねながら、シャトレーゼの洋菓子やアイスのファンになってくださる方と同じくらい、和菓子のファンも増やしていきたいと思っています。

第3章

ブランド認知とファンベースの拡大

どこまでもお客様目線でありたい

２０２０（令和２）年のはじめごろから、テレビや新聞などのメディアに取り上げていただくことが増え、まだ出店のない地域の方々にも、シャトレーゼの名前が広く知られるようになりました。

本当に有り難いことだと思っていますが、僕はこれまで広告宣伝費にお金をかけたことはないんですよ。

もちろん対外的なつきあいはありますから、イベントの協賛といった広告スペースに名前を出すことはあります。でも、テレビコマーシャルや新聞広告などを使って「買ってください」とアピールしたことは、一度もありません。

買ってほしいと思うのは、会社の勝手な都合。がんがん宣伝したうえで、かかった費用を商品の代金に上乗せするのは本末転倒です。

しかも、宣伝というのは中毒みたいなもので、宣伝で売り上げが伸びると、宣伝しないと売り上げが落ちるのではないかと不安になって、続けずにはいられなくなるようです。そんな例を、いくつも見てきました。

僕は、どこまでもお客様目線でありたい。お客様が「これはいい」と思うなら、ご家族や知人にも紹介してくださるはずです。

いまは小さかった口コミの輪が、ソーシャルメディアを通して全国に広まっていく時代になりました。

僕たちが宣伝などしなくても、お客様同士が情報交換をしてシャトレーゼの何がいいのかを伝えてくださっています。また、予想を超えたアレンジが誕生していたり、今後改善すべき点を指摘してくださったり、教えていただくことも多いのです。

お客様が評価してこそ本物、口コミこそ最大の宣伝だと考えていた僕の思いは、間違っていなかった。いま、シャトレーゼがメディアに取り上げられるようになったのは、そうしたお客様の声に支えられているおかげです。

では、「広告宣伝費をかけない」という方針の中で、シャトレーゼの思いやこだわりをどういう形で伝えてきたのか。この課題については、広報室室長の中島史郎《なかじましろう》と販売企画部部長の望月裕太《もちづきゆうた》に、直接聞いてみることにしましょうか。

ブランド認知力を上げる戦略的広報活動

――広報室室長・中島史郎

商品力は間違いないのにもったいない

以前の私は子どもたちと毎年山梨に避暑に来て、シャトレーゼの白州工場でアイスの試食をするのが楽しみな、一般客の一人でした。

住まいの近くにもシャトレーゼの店舗があって、ロールケーキのスポンジと生クリームの、他社製品では味わえないおいしさに魅了され、頻繁に通っていました。ただ、せっかく優れた商品力があるのにブランド認知度が低いのが、もったいないとも思っていたのです。

というのも、そのころの私は広告代理店に勤めていたのですが、広告の世界では、その商品の実力以上にイメージを創造して宣伝をすることが、無きにしも非ずです。

でも、シャトレーゼの商品なら、ファームファクトリーというビジネスモデルにせよ、無添加・減添加の方針にせよ、商品開発へのこだわりにせよ、素直に実力そのものを語ることができるのに、と感じたからです。

シャトレーゼの潜在力と将来性に魅力を感じて転職してきたものの、「広告宣伝はしない」のがシャトレーゼの身上です。予算をとっていないなら、知恵を絞るしかないですよね。

まずは現状把握のために、シャトレーゼのお客様がお店や商品をどのように見ているのかを知るためのグループインタビューを行うことにしました。

グループインタビューやユーザーインタビューなどの方法は「定性調査」といい、数値では見えてこない部分を知るための調査です。

この場合、気をつけないといけないのが、「それは数ある意見のうちの一つである」ということ。ほとんどの人はそうは思っていないかもしれないということを、注意深く見る必要があります。

ですが、このとき私が選んだのは通りすがりの誰かではなく、シャトレーゼのお店をよく使ってくださっている方たちです。

具体的にいうと、「カシポ」に登録されているお客様のうち、来店回数の多い方をスクリーニング（抽出）して、6〜7人ずつのグループを作って自由に話をしてもらったのです。シャトレーゼに対するロイヤリティの高い方たちですから、一つの意見として見ても、非常に説得力があります。

モデレーターを一人おき、あらかじめこちらが調べたいことを伝えたうえで、マジックミラー越しにみなさんのお話を聞かせていただきました。

シャトレーゼが、これまで実践してきたことは正しかったのか。それとも、修正が必要なのか。商品のことや売り方のことなど、聞いてみたかったさまざまな事柄を、お客様の生の声で語っていただいたのです。

その結果、「店舗が広くて入りやすい」「手軽でまとめ買いできる価格」など、「おいしくて安い」「品ぞろえが豊富」な点は満足度が高かったのですが、「贈答品としては〈安いイメージ〉が失礼にあたる」「シャトレーゼを知らない友人には贈りにくい」などの低い評価が目立ちました。

シャトレーゼが大切にしてきたこだわりの部分がまだまだ一般の消費者の方々には伝わっていなかったこと、ブランドイメージの認知度が低いことが確認できました。

しかし、最初にお話しした通り、シャトレーゼにはずば抜けた商品力があります。「やるべきことをやれば、このブランドは大きくなる」という確信がありました。

まずはブランドイメージの整理から

ブランドの力というのは、何で決まると思いますか？

米国大手広告会社のＹ＆Ｒ社は、「ほかのブランドと比べて差別化できるのか」「自分に近いと感じられているか」「そのブランドについてどれだけ知識があるか」「そのブランドに対して敬いの気持ちがあるか」、この四つの要素のバランスで決まるとしています。

シャトレーゼの場合、差別化できるものがたくさんあるのに、「おいしくて安い」というところで足踏みしてしまっていたわけです。

こだわりの部分がきちんと伝わっていきさえすれば、つまりシャトレーゼが実践してきたことや、大事にしてきたことを知ってもらうことさえできれば、確実に強固なブランド力に結びつくことはわかっていました。

実を言うと、私が入社した２０１３（平成25）年当時、シャトレーゼの社員自身も「うちの商品はすごい。素材のこだわりがある」ということは自覚していましたが、どこまで世の中で通用するものなのか、確信をまったく持つことができていない状況でした。

おいしさは間違いないものの、ほかと比べてどのくらいのレベルのものを作っているのかについては、漠然とした認識だったのです。


ところが、私が入社してまだ間もないころ、あるテレビ番組の企画でシャトレーゼの商品が、大方の予想を上回る結果を出したことがあるのです。

「ケーキ総選挙」ということで、全国の10〜50代以上の5世代、男女各1000人ずつ計1万人に投票してもらい、シャトレーゼのほかに3社、計4社のお菓子メーカーがおいしいケーキを競い合うという企画でした。

都市部に多く出店し、全国的にも広く名の知られたお菓子メーカーを相手に、どこまで競えるのか。本当に未知数でした。

しかし結果は、シャトレーゼのダブルシュークリームが第2位に、濃厚ベイクドチーズケーキが第5位に入ったのです。15位までのランキングの中に六つもランクインする快挙でした。

対外的に評価されたことで、社員の多くがシャトレーゼの実力を実感し、大きな自信につながった最初の出来事だったと思います。

お客様にシャトレーゼのことをより深く知っていただくための一歩として、まずは社員自身に確固たるブランドイメージを持ってもらう必要がありました。

ブランドイメージの整理から着手し、シャトレーゼの理念を表わす「自然のおいしさと。人を想うおいしさと。」というタグライン（企業のコンセプトや理念を表現し、どのような商品やサービスを提供しているのかを、わかりやすく伝える言葉）を打ち出したのです。同時に、グラフィックガイドラインやブランドブックを作成しました。

ブランドブックは、会社の理念を語るベースの部分、社員だけに配布する簡単な絵本のようなものです。「こういう考え方でものづくりに向かい、こういう姿勢でお客様に接しましょう」といった内容になっています。

いまでは、新たに社員となった仲間に必ず1冊この本が配布されて、シャトレーゼのバイブルの役割を果たしています。

名前の力で商品力をアピール

シャトレーゼは取り扱う品数が多いので、埋もれている商品が結構あるのです。でも、ちょっとした仕掛けで注目を引き、よさを伝えることに成功すればもっと売れる

シャトレーゼの理念を表すタグライン

社員に配布されるブランドブック。マニュアルではなく、シャトレーゼの理念がイラストとともに解説されている

はず。看板商品に化ける可能性のあるものが、いくつもあります。

その代表的な例が、シャトレーゼで人気ナンバーワンのアイス「チョコバッキー」です。

もともと、２００５年に開発された売れ筋の商品ではありました。それが商品名とパッケージを一新したことで、２０１８年３月のリニューアルから２０２１年３月までの３年間で、シリーズ累計１億本を売り上げる大ヒット商品になりました。

元の名前は「パリッと巻きチョコバー」で、実は失敗から偶然生まれた商品です。開発者の狙いとしては、バニラアイスにチョコレートの薄い層が挟まってパリパリと均一な食感を楽しむアイスを目指していたのですが、うまくいかなかった。その代わり、不均一なチョコの食感が面白いアイスが誕生したわけです。

でも、「パリッと巻きチョコバー」では言いづらいし、そもそもこの商品の食感はそんな単純なものではありません。パリッとガリッとゴリッと、ともかくいろいろな形容が出てくるユニークな食感です。これだけ豊かにチョコレートが入っているのに、名前がその本質を突いていないのは、本当に残念でした。

覚えにくい名前だったり、商品の特徴が伝わらなかったりするものを、名称やパッケージデザインの変更で新たに活性化させることは、リブランディングの仕事です。

商品をまったくいじらなくても、これで売り上げが動くことがあります。そのため、リブランディングを行うためのチームを作って、再考することにしました。

バキバキしているから「バキチョコ」か「チョコバキッ」はどうだろうと提案したら、「チョコバッキー」のほうが響きがいいのでは、ということになり、「それにしよう」と決定。

パッケージも、それまでは社内でデザインしていたものを、外部のクリエイターに頼んで、バキバキという文字が躍る楽しいデザインに変えました。

また、販促チームにも手伝ってもらい、20万本のサンプリング配布を行うことを決定しました。店頭で「1本無料で差し上げます」というキャンペーンを実施したところ、SNSでも話題になり、さらには商品のユニークな味をはじめて知ったお客様が、その驚きを自ら発信することによって大化けしました。


普通はイメージを一新したり、パッケージを変えたりするときは、「ますますおいしくなりました」「クリームが新しくなりました」という文言がつきものですよね。

当時のシャトレーゼでも、パッケージを新しくするときの定石は、商品の一部を改良すること、とされていました。

▶発売3年で累計1億本を突破した「チョコバッキー」

1本ずつチョコレートの入り方が微妙に違うチョコバッキー。
左からチョコ、バニラ、完熟バナナ、ドライミント

(上)ひと目でバリッとした食感が伝わるPOP
(左)チョコレートがどっさり入っていること、かじったときの食感をストレートに伝えるポスター

でも、「チョコバッキー」は名前とパッケージ以外は何も変えていないのに、押しも押されもせぬシャトレーゼの看板商品になりました。もともと持っていた商品のポテンシャルが花開いた事例の、第1号です。

正直なところ、社内には「売れていないならともかく、売れているのに変えるのはいかがなものか」と渋る人がいなかったわけではないのですが、会長は「現状維持は衰退」だと考える人物。結果をきちんと出しさえすれば、頭ごなしに反対されることがないのはわかっていました。

「なぜ変えたほうがいいのか」を机上でいくら説得しても、空回りするだけ。論より証拠が一番早いと思って、シナリオ通りに進めました。

狙い通りの結果になって、ある日、会長の口から「いま、チョコバッキーがすごいらしいね」という言葉を聞いたときは、本当にうれしかったですね。

お客様が想起しやすくて、人にも伝えやすい商品名の考案は、コミュニケーション戦略の重要な要素でもあります。そのため企画チームからの依頼により、商品特性を踏まえたうえで名づけを行うことが、時々あります。

郵便はがき

141-8205

おそれいりますが
切手を
お貼りください。

東京都品川区上大崎3-1-1
株式会社CCCメディアハウス
書籍編集部 行

CCCメディアハウス　書籍愛読者会員登録のご案内
＜登録無料＞

本書のご感想も、切手不要の会員サイトから、お寄せ下さい！

ご購読ありがとうございます。よろしければ、小社書籍愛読者会員にご登録ください。メールマガジンをお届けするほか、会員限定プレゼントやイベント企画も予定しております。
会員ご登録と読者アンケートは、右のQRコードから！

小社サイトにてご感想をお寄せいただいた方の中から、
毎月抽選で2名の方に図書カードをプレゼントいたします。

■アンケート内容は、今後の刊行計画の資料として
利用させていただきますので、ご協力をお願いいたします。
■住所等の個人情報は、新刊・イベント等のご案内、
または読者調査をお願いする目的に限り利用いたします。

愛読者カード

■本書のタイトル

■本書についてのご意見、ご感想をお聞かせ下さい。

※ このカードに記入されたご意見・ご感想を、新聞・雑誌等の広告や
弊社HP上などで掲載してもよろしいですか。
はい（ 実名で可 ・ 匿名なら可 ） ・ いいえ

ご住所	□□□-□□□□ ☎ ― ―		
お名前	フリガナ	年齢	性別
			男・女
ご職業			

たとえば、「レモンケーキ」というのは、わかりやすい名前ではありますが、それだけではありきたりです。そこで、「おひさま香るレモンケーキ」という、臭覚にも訴えるような名前にしたのです。

「〇〇産レモンのケーキ」でもよかったのですが、ほかの洋菓子店でも同様の名づけをしています。それよりも、明るい日差しを浴びたレモン畑のイメージがパッと思い浮かぶほうが、おいしそうだと思いませんか？

味がよいばかりではなく、名前とパッケージもかわいいということで、結構売れているんですよ。

もう一つのいい例は、たい焼き最中のアイスです。

平仮名で「しっぽまであん」という商品名で出しています。いくつかアイデアがあった中で、たい焼きの形にするなら、やっぱりしっぽまであんこが入ってないと悔しいよね、ということから名づけました。

ただ、まだ開発途中だったので、担当者には「中島さん、面倒な名前をつけてくれましたねえ」とため息をつかれましたが、完成した商品にはしっかりしっぽまであんこが入っていました。

果汁や果肉の風味がギュッと詰まった「おひさま香るレモンケーキ」

どこから食べてもあんが出てくる「しっぽまであん」のPOP

最初は「たい焼き最中」というのが商品名で、サブタイトルに「しっぽまであん」とついていたのが、いまは逆転してメインの名前が「しっぽまであん」になりました。言いやすいし、言葉の響きもいいでしょう。口をすぼめて声を発すると、ちょっとフランス語っぽく聞こえませんか。

話題を仕掛けて発信する

広報室長としての私の役割は社内と社外、それぞれに向けての情報発信です。いまは幸いにもメディアからの依頼を多くいただくことで語れる機会が増えていますが、一過性にならない話題作りを仕掛けていきたいと考えています。

シャトレーゼの強みは、創業者が一代で築き上げた背骨がしっかりしていることですから、会長の思いや「企業理念」を繰り返し伝えていくことが第一。そしてもう一つ、約４００種類ある商品の中で埋もれているスターに脚光を当てること。

この二つを両輪に据えて、発信していく予定です。

前者は「またか」と言われても、折にふれて根気よく語り続けていきたい部分ですが、後者に関しては、あまり真面目にやっても面白くないですよね。このところ、バラエティ番組などで取り上げてくださることが急に増えてきて、楽しい話題だと大勢の幅広い層に見ていただけるのだなというのが、実感としてあります。

また、各都道府県にあるローカル媒体の力も侮れません。

たとえば、ある地方のローカルテレビ番組でチョコバッキーが紹介されると、その翌日は放送局がカバーしているエリアのお店だけ、ぽんと売り上げが伸びたりするのです。

広告宣伝費をかけられない以上、シャトレーゼについて語れる場をどう創出していくのか。全国ネットだけではなく、ローカルオンリーの媒体にも取り上げてもらえるようなネタをいかに仕掛けていくかが、チャレンジのしどころだとも思っています。

話題として一番わかりやすいのは新商品のニュースですが、「こんなにすごい商品ができました。ぜひ買ってください」といった過剰なアピールをすることなく、お客様に楽しんでいただける話題を作り出すには、クリエイティブな発想が必要だと思っています。

数年前になりますが、期間限定のアイスで「クッキー・オン・アイス」という商品を発売したときのことです。

このアイスは、濃厚なバニラアイスクリームに自家製のグラハムクッキーをのせて、ハイミルクチョコレートでコーティングしたバーです。クッキーがボコッと出っ張っている、デザイン的にはきわめてユニークではあるものの、洗練さとはかけ離れたものでした。

一方、素材にも製法にも通常品よりひと手間かかっているため、価格も高めの設定です。そのため、このまま販売しても簡単にはお客様に手に取ってもらえないのではないかというのが、最初の印象でした。

ただ、味と食べ応えについては、どこにも真似ができない秀逸な商品。なんとか話題にできないかと思い、キャッチコピーをつけてプレスリリースを発信しました。

「日本で最も不細工なアイスクリーム、本日発売」

予想通り、いつもはおとなしく正統派の打ち出しをしているシャトレーゼに、いったい何が起こったのかと、WEB媒体を中心に記事が掲載。最終的に、商品を完売することができました。

そのとき、広報による補足説明として、次のコメントを出しました。

「通常の企業でしたら、もっと洗練されたデザインにおさめると思いますが、形が悪くても味の優れた商品もあるという、最近ありがちな『インスタ映えしているだけの商品』に対しての、アンチテーゼ的な意味合いもございます」

これが、いくつかの媒体で転用されました。

業界ではじめてという取り組みを実施し、発信するということも計画的に行っていぃます。新型コロナウイルス感染症が拡大し、それまで年に二度ほど実施していたメディア向けの新商品試食会が開催できなくなりました。

そこで2020年6月、糖質カットのケーキ新商品試食会をオンライン上で実施することにしました。

都内の編集者のオフィスや自宅に前日配送し、冷蔵解凍して保管していただいた商品を、開発担当者の説明のあとに一斉に食べていただく、という試みです。はたして段取りよく進むものか、一抹の不安はありましたが、思いのほかスムーズに進みました。

マルチ画面からは試食する参加者一人ひとりの表情が読めますし、個別の意見もへッドホンを通してきちんと聞くことができます。リアルな会よりも、むしろ効率よく双方向のコミュニケーションができるという、予想を上回る学びがありました。

終わってみてふと気づいたのは、オンラインでつながっていれば参加者は日本でなくてもいいのでは、ということです。

早速、海外の事業担当に連絡を取り、その1か月後にはシンガポールと日本を結ぶことに。夏のケーキ新商品試食会を、海外メディア向けにオンラインで実施する運びとなりました。

開催の当日の朝に、シンガポールの店舗から宅配で商品を受け取った参加者たちが、同じ時刻にオンライン会議の場に集まりました。説明を受けながら、桃やぶどうがふんだんに使われた日本製ケーキにフォークを入れます。

中には、同じタイミングでストリーミング映像配信を行っているインフルエンサーもいて、20人ほど集まった会議は大盛況。自社のぶどう畑の前でシンガポールの参加者に熱く語りかける会長の映像を通して、国境を越え、企業理念を伝えることもできました。

さらに、この試みはＮＨＫや共同通信、地元主要メディアなど、日本のメディアにも事前に案内をしていたため、当日は海外メディアの取材を受ける我々を取材する日本メディア、という状況も生まれたのです。結果として、国内外で大きな露出につながりました。

あるいは、洋菓子店ならではのパブリシティ調査で話題を提供するという方法もあります。

たとえば、バレンタインの時期を前に「いつまで自分のパートナーにチョコレートを贈りますか」といったような調査を実施して、その結果をリリースするというやり方です。このときの調査では「60歳を過ぎても贈っている」という結果が出て、新聞社が取り上げてくれました。

特に商品に言及することはなく、「シャトレーゼの調査によると」という情報が「バレンタイン」というキーワードとともに伝わり、お客様がなるほどねと共感してくだされば、それをもってよしとする。戦略的に、マインドシェア（消費者の心に占める企業ブランドや商品ブランドの占有率）を上げる広報の手法です。

そんなふうに、みなさんに楽しんでいただけるような話題の作り方はいろいろありますので、楽しみにしていただけたらと思います。

ちなみに、シャトレーゼの認知度が上がり、ブランドイメージが上昇したことで、最初にお話ししたグループインタビューの4年後に行った2018年の調査では、「贈答品にも恥ずかしくなくなった」と好意的に評価されています。

こうしたことからも、広告宣伝ではない形で向き合って、きちんと知っていただくことの重要性がわかると思います。

広報からの情報発信と両輪の関係で期待しているのが口コミ、いわゆるソーシャルメディアでの広がりです。ＳＮＳを通して、お客様とどのようなコミュニケーションを図ってきたのか。

ここからの話は、販売企画部部長の望月裕太にバトンタッチしたいと思います。

口コミが2年で8倍になったSNS施策

――販売企画部部長・望月裕太

クーポンなんかやめなさい

お客様にシャトレーゼの商品やサービスのことを知っていただくための活動は、主に販売促進（セールス・プロモーション）のチームが担当しています。

店内のPOP（Point Of Purchaseの略。商品に添える紹介カードなどの販売促進ツール）やポスター、イベントやフェアの告知チラシなどを作っている部署です。8年ほど前までは、来店者以外に情報をお届けする手段はほとんど、新聞折込みやポスティングで配布するチラシだけが頼りでした。

当時は毎月のようにフェアを開催して、フェア1回につき600～700万枚のチラシを刷っていました。全国約500店舗（当時）、1店舗につき1～2万枚を割り当てる計算です。

クーポン券つきのチラシ（2015年夏）

お菓子のよさを最大限に引き出すチラシ（2021年夏）

チラシには毎回クーポン券をつけていたので、チラシを配ればふだんはシャトレーゼを利用されない方たちも足を運んでくださいます。チラシの回収率で成果を計り、一定の効果は出ていた……ように思っていました。

ところがあるとき、チラシの表面《おもて》に目立つように掲載したクーポン券が会長の目に留まり、大変な叱責を受けました。

「シャトレーゼのチラシは、うちを好きで来てくださるお客様に『新しい商品ができました』『季節のフェアが始まりました』とお知らせするためのもの。安売りするときだけ好んでやってくる人たちをつかまえてどうする。クーポンなんかやめなさい」と言われたのです。

実はその日は、このチラシの校了日。印刷に入る直前だったのですが、制作会社にも印刷会社にもすぐに電話をかけて、「すみません！」とその日のうちにストップし、すべて仕切り直しました。

正直にいうと、怖かったです。クーポンをやめたら集客が減って、その分、売り上げも落ちるに違いないと思いましたから。だけど、落ちなかったのです。いえ、最初はやはり落ちたのですが、それは一過性でした。年間を通して見たら、落ちていなかったのです。

そもそも毎月フェアを開催し、お得なクーポンで一時的な来店者を増やすというのは、いつも来てくださるお客様にしてみると、迷惑な部分もあります。混雑するし、レジに並ばなくてはいけなくなるし、買いたかったものが売り切れていたりするわけです。そういうお客様からの苦情が、お客様相談室に寄せられることもありました。

やみくもに来店者を増やすよりも、いつも来てくださるお客様に喜んでいただける循環を作ろうという方針に切り替え、フェアの実施は旬の食材を中心に、年4回に絞ることにしました。

クーポンはやめて、チラシのデザインも一新。目を引くインパクトを重視した誌面ではなく、おいしそうに感じてもらえるかという視点で商品コピーを考え、掲載する写真についてもシズル感を追求するようになりました。

ソーシャルメディアに可能性を見た

チラシもそうなのですが、紙の媒体には限界があって、どうしても情報が一方通行になってしまいます。また、デジタルネイティブ世代の若い人たちに顧客になってもらうには、デジタル系の媒体での情報発信が必要だと感じていて、ソーシャルメディアには以前から注目していました。

転機になったのは、忘れもしない2017(平成29)年4月27日です。なぜ特定の日付なのかというと、この日にツイッターのトレンドワードで「シャトレーゼ」が1位を記録したからです。

この日1日で、「シャトレーゼ」に関する13万件のツイートがありました。

当時はまだ公式アカウントを持っていませんでしたから、私たちが何かをしたわけではありません。たまたまあるユーザーの方が、「田舎というほど田舎ではないが、住宅地周辺が田畑に囲まれている地域」を説明するのに、「シャトレーゼがある」ことを挙げたのが発端です。

シャトレーゼは都心部を避けて郊外に出店してきましたから、たしかにそう見えなくもありません。すると、「シャトレーゼがある地域は、本当に田舎なのか」をめぐって活発な論戦が始まり、さらにはシャトレーゼのお客様が、うちのよさを語ってくださるといった状況で、すごい勢いで新しいツイートがあがってきたのです。

トレンドワードに入った翌日からの売り上げに、その影響が出たのは言うまでもありません。会員ではない方々の来店者数が大きく伸び、SNS利用者が多いと思われるエリアでは、若年層の来店も着実に増えていました。

それまでも、SNS内で「シャトレーゼ」がどのくらい話題になっているかは、追跡調査していました。特にオーガニック関連でのツイートが多く、年間25万件ぐらいありました。その内容も、ポジティブなものがほとんどです。発信している年齢層も、20〜30代の若い世代。

「これならいけるかもしれない」と感じていたところ、この一件でSNSでの情報発信と来店者数との相関関係が数値となって、誰の目から見ても明らかになりました。それで、本格的にSNSに取り組もうということになったのです。

1日10投稿からコツコツと

ただ、私たちのSNS対策が他社と大きく違うところは、広告用の予算がないことです。フォロワーが何百万人もいらっしゃる大手メーカーや大手チェーン店などでは、SNS対策に月額何千万円という広告費を投下していたり、SNSの運用部隊に数十人の担当者を配置していたりするところもあると聞きますが、私たちにはそんな費用はありません。

では、どうやって運用していけばいいのか。

お金も人手もない以上、あれもこれもと欲張ることはできませんから、ここは割り切って目的を「来店促進」に絞ろうと考えました。

簡単にいうと、「シャトレーゼに買いに来てくださったお客様のツイートにこちらからアプローチすることで、集客ができるのではないか」という観点のもと、公式アカウントをお客様とのコミュニケーションツールに位置づけ、活動方針の第1に「UGCの創出と増加」を据えました。

UGCというのは「User-Generated Contents（ユーザー生成コンテンツ）」の略で、近年注目されるようになったマーケティング用語です。ひと言で説明すると、ツイッターやインスタグラム、YouTubeや食べログなどを使ったユーザー側の自発的な発信が、結果として企業のPRになっているような投稿を指します。

活動方針の第2は、「オーガニック投稿（広告ではない、通常のユーザー投稿）を主としたエンゲージメント率（投稿に反応したユーザーの割合）向上」です。

以前から、シャトレーゼ関連のツイートにオーガニックの投稿が多かったことを踏まえ、ここを突破口に、お客様との心理的な距離をもっと縮めていきたいと考えました。

販売促進チームが担当しているSNSの公式アカウントは、ツイッターとインスタグラムです。

運用は、基本的に2名体制。商品企画課のカテゴリーごとに4名のサブ担当者がいるのですが、メインで頑張ってくれているのは、新卒入社で白州工場のアイスの製造ラインで2年間働いた後、販促企画課に転属してきた女性1名です。

SNS対応は通常業務の合間の作業で、メインの仕事は売り場のPOPやチラシ制作のディレクション、進行管理など。しかも公式アカウントの担当になるまで、自身のSNSのアカウントも持っていませんでした。

サブの4人に関しても何かしらのSNSアカウントは持っていたものの、活用はイマイチ。「ツイッター担当って、何をやったら……」という状態でしたので、「丁寧に教えるから頑張ってみて」と励ましながらのスタートでした。

技術も経験もないわけですし、忙しい業務を縫っての作業になりますから、難しいことはできません。次に挙げる三つの運用方針を掲げ、コツコツと地道に続けてもらいました。

・最低、1日あたり10投稿で、アカウント自体に常に動きを見せる（現在は3投稿）。

▶オーガニック投稿例①

(1)オーガニック投稿の質を高め、ユーザーが反応したくなる運用を心がける
(2)宣伝感をなくし、自社の強みを生かした話題性を狙った企画投稿
(3)コメント返し、フォロー返しリツイートなどを可能な限り丁寧に実施し、商圏ユーザーを発掘
(4)「＃ハッピーバースデーシャトレーゼ」で広めるきっかけ作りを創出

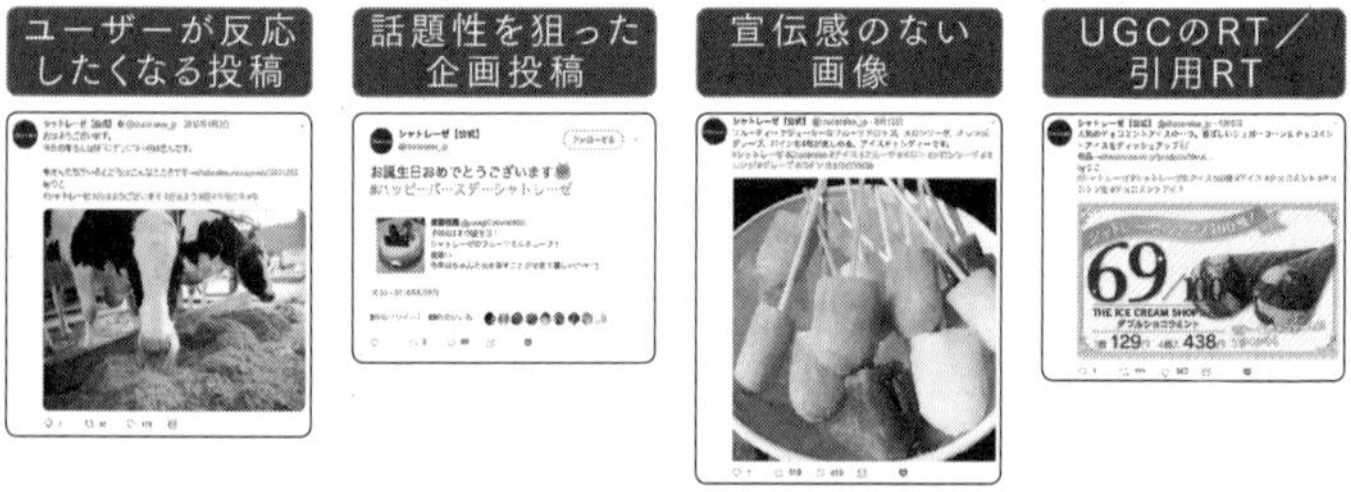

・丁寧なコミュニケーション。コメントにもなるべく丁寧に答える。
・質の高い投稿への「いいね」「リツイート（RT）」など、公式からのアクション。

スタート当初は、まさに千本ノックみたいな感じでした。「1日10投稿をやってみようよ。最初は誰も見ていないのだから、何を投稿しても大丈夫」と励まし続けました。それこそ「おはようございます」「こんにちは」「おやすみなさい」まで、どんな情報でもいいから、というわけです。

慣れてきたら「実際にお店に行って買ってきた」という人をメインに、積極的にこちらからコミュニケーションを取ることも進めました。そういう投稿をできるだけ見

つけて「いいね」をしたり、リツイートしたりするのです。

この作戦が功を奏しました。一般のお客様は企業の中の人と、意外にコミュニケーションを取りたがるものだということは常々言われていたのですが、それを踏まえて実験的にスタートしたというのが、当時の事情です。

宣伝感はNG。よさだけを伝える

具体的な運用例を少しご紹介すると、たとえばシャトレーゼには八ヶ岳関連のこだわり素材がたくさんありますから、お客様にそのよさを伝えていきたいわけです。しかし、押しつけがましかったり、宣伝っぽくなってしまったりすると、鼻についてしまいます。

投稿を見た方が反応したくなるような紹介の仕方は何だろうと考えて、契約牧場の牛たちを紹介することにしました。牛を通して、生育環境を紹介する形です。

牛たちにはみんなカタカナの名前がついていて、一頭一頭みんな違うから結構面白いのです。

「おはようございます。今日の牛さんは、ルドルフデュラプルレイチェルさんです。

牛さんたちがいるところは、こんなところです」

といった感じで投稿すると、名前の面白さやのんびりと草を食む牛の画像に触発されて、お客様がコメントをつけてくださったりするのです。牧場の牛は何百頭もいますから、牛を紹介するだけでもしばらくネタには困りません。

また、よもぎを摘んでいる様子を撮って投稿しているのも、こうした取り組みの一例です。

シャトレーゼは、もの作りに対してすごく生真面目な会社なので、商品が形になるまでの裏側には、汗にまみれた土臭いもの作りのシーンがあります。しかも、ほかの量産型企業で天然のよもぎを使っているところはありませんから、SNSで紹介するのに、ちょうどいい話題作りになります。

さらにこれが、最終的にはお菓子という華やかなビジュアルに仕上がるわけですから、そうしたギャップも楽しんでいただけるのです。

扱っている商品数が多いことも、シャトレーゼの強みです。

アイスだけでも１００種類以上ありますから、毎日一つずつ投稿していくだけでも、しばらくかかります。色のきれいなアイスキャンディーは並べただけで絵になります

▶オーガニック投稿例②

(1)SNS内の話題を常にチェックし、自社の商品に紐づけ、さまざまな展開を実施
(2)他社メディアが取り上げてくれたら、それをリツイートして相互関係を構築

チョコミントがSNS上で話題

トレンドに合わせた企画投稿

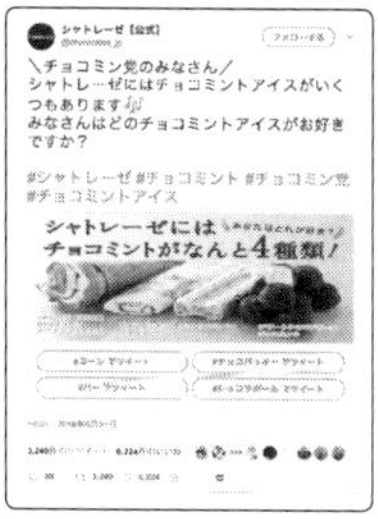

トレンドに合わせた商品リリース&投稿

▶チョコミントバーの売上個数とUGCの影響

チョコミントバーの売上個数と前月のチョコミントバーを含むUGCでの言及数の相関関係を算出

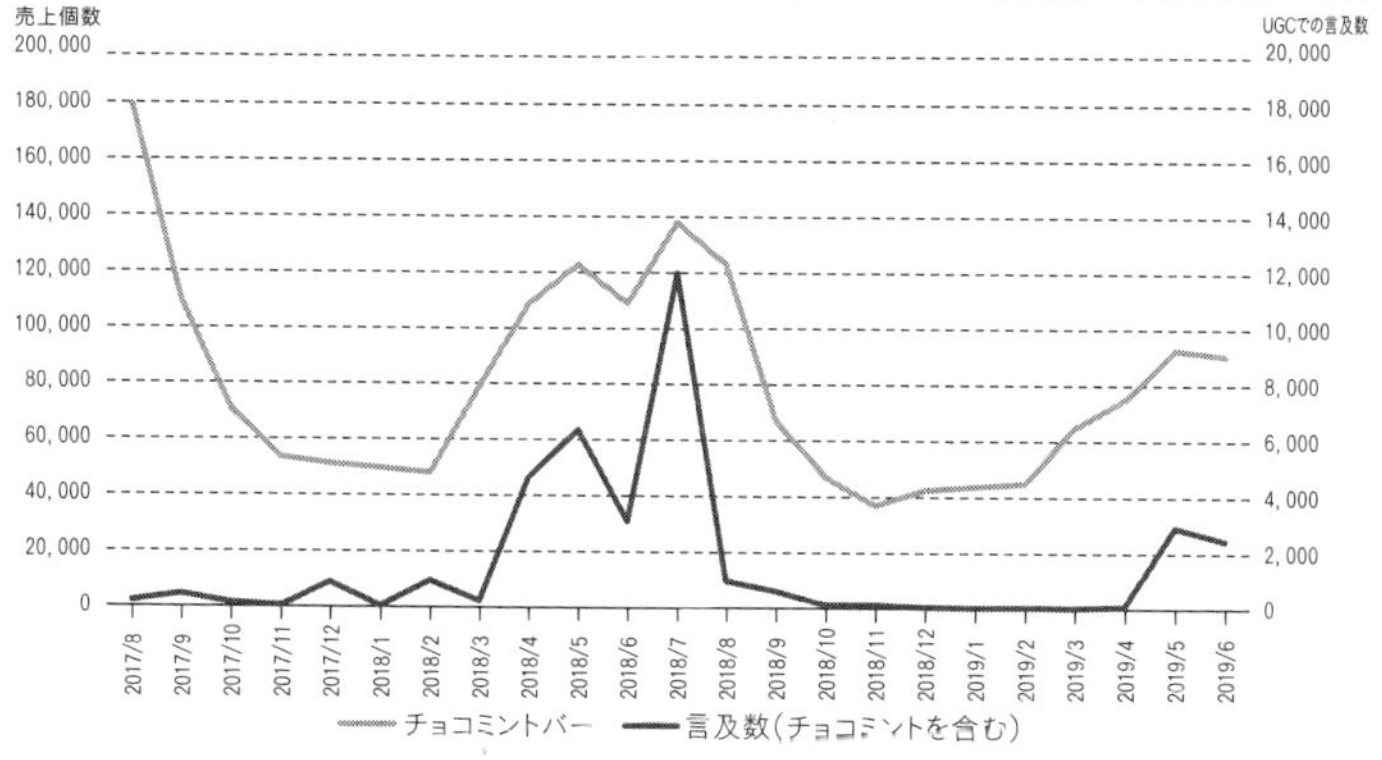

から、宣伝めいた気の利いた文言などないほうが、素直によさが伝わります。

その季節ならではの商品もありますので、四季折々の話題性を狙った商品紹介も可能です。


たとえば、夏に人気のチョコミント。このチョコミント系のアイスだけで、4種類もあるんですよ。チョコミントのアイスなんて、どれも味は一緒だろうと突っ込まれそうですが、「どれが好きですか？」と問いかけると、それで結構盛り上がるのです。チョコミントバーの売り上げ個数と、チョコミントバーのUGCでの言及数を算出して比較してみたところ、グラフ上にSNSでの口コミが効いたことを示す明らかな相関関係の山ができました（139ページ参照）。

意識して積極的に仕掛ける

意識して仕掛けた例でいうと、お客様はお子さんの誕生日に購入したシャトレーゼのケーキを結構SNSにあげてくださるのです。それを見つけて、「#ハッピーバースデーシャトレーゼ」というハッシュタグをつけて、拡散するようにしました。

すると、今度はお客様のほうからこのハッシュタグをつけて、シャトレーゼのケー

▶UGC創出プロセス

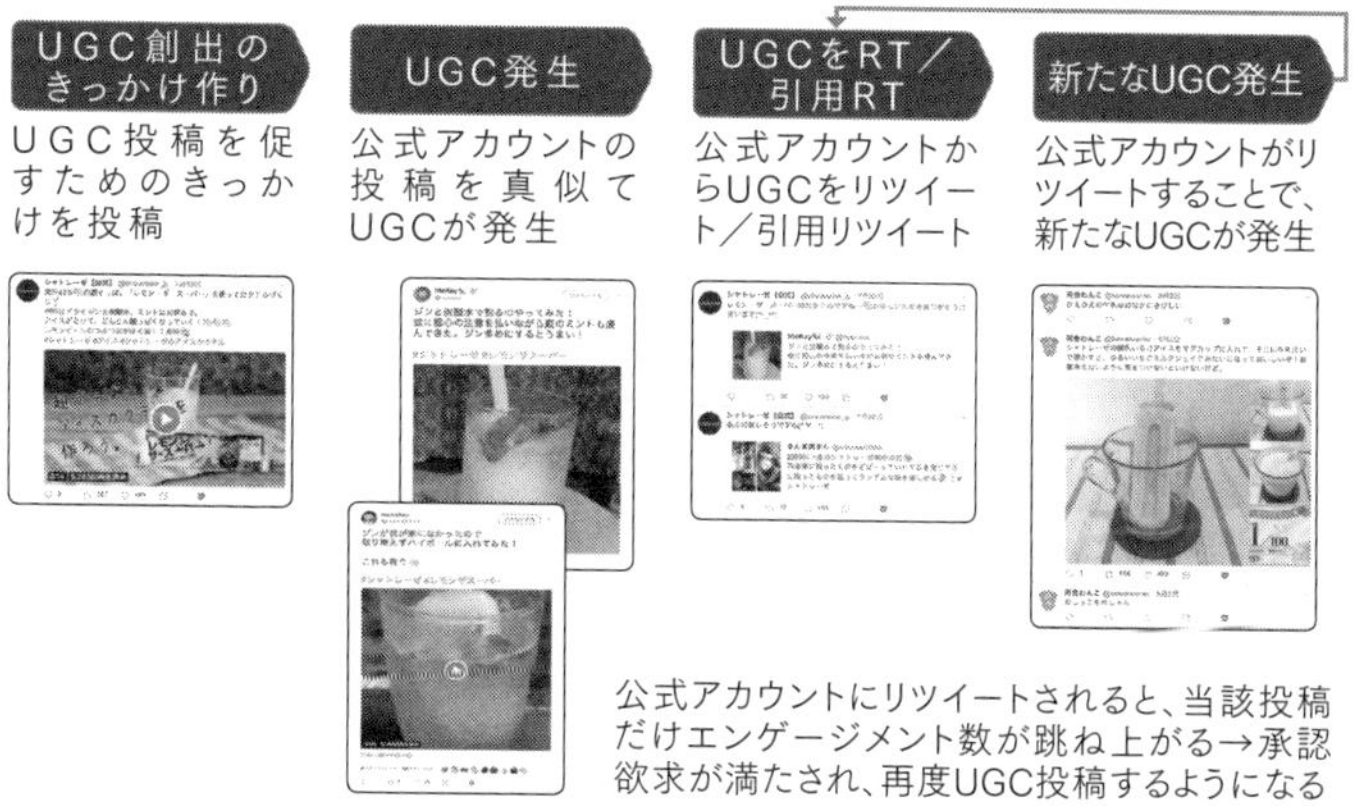
UGC創出のきっかけ作り
UGC投稿を促すためのきっかけを投稿
UGC発生
公式アカウントの投稿を真似てUGCが発生
UGCをRT／引用RT
公式アカウントからUGCをリツイート／引用リツイート
新たなUGC発生
公式アカウントがリツイートすることで、新たなUGCが発生
公式アカウントにリツイートされると、当該投稿だけエンゲージメント数が跳ね上がる→承認欲求が満たされ、再度UGC投稿するようになる

キの画像を広めてくださったのです。

SNSでの発信を始めてもう4年になりますが、こういう試みは徹底してやりましたので、いまではそういう循環が自然にできてきました。

また、UGCをいかに自分たちで創出できるかという実験的な取り組みとして、「アイスカクテル」という企画をやってみたこともあります。

「レモン・ザ・スーパー」という果汁42パーセントで非常にすっぱいレモンのアイスを出したときに、ただ単にお知らせしても面白くないので、「ドライジンと炭酸水を混ぜた中にアイスを入れていただくと、少しずつ溶けてレモン味のおいしいカクテルができますよ」という形で告知しました。手軽ですし、夏にはこのすっぱさがちょうどいいのです。

動画もつけて投稿したところ、ご覧になった方がご自分でも試して投稿してくださる。それを、今度は私たちが公式アカウントでリツイートする。そうやって広まっていきました。

ケーキの例のときのように、ブランドとコミュニケーションを取ることを好むお客様が多いので、公式アカウントが取り上げて紹介すると、とても喜んでいただけるのです。

「#シャトレーゼアイスカクテル」「#レモンザスーパー」といったハッシュタグもでき、また違うアイスでカクテルを作って紹介してくださるといった循環も生まれています。

今後もこういう循環を通して、二次使用を発生させる仕組みも意識的に作っていく予定です。

余談ですが、ある人気アイドルグループの女性が撮影の合間に現場近くのシャトレーゼを見つけて写真を撮り、「私も以前はよくシャトレーゼに行きました」と投稿してくださったのです。すると、ぱーっとコメントがついた中に、「そろそろシャトレーゼが見つけるよ」という投稿があって、思わず笑ってしまいました。

私たちが見ているのを、お客様もちゃんとわかっていらっしゃる。もちろん、しっかりリツイートしました。

これは予想もしなかった反応で驚いたのですが、公式アカウントからの発信で話題にのぼった事例です。

「莫大な広告宣伝費をかけるより、新鮮なよい素材を仕入れてスイーツを作ったり、みなさんにお求めやすい価格でご提供したり、という考え方のため、あまり認知度はないかもしれません……。ツイッターでも情報発信しているのですが（；＿；）、みなさんにおすすめしていただけますと幸いです」

２０１９年の年末にこのような投稿したところ、３・４万件のリツイート、１千27件の引用リツイート、５・３万件の「いいね」をいただいたのです。

真面目で何のひねりもないし、「ふーん」と聞き流されてしまうような文章に、これだけ興味を示してくださったことには、感謝しかありません。

広告宣伝費をかけてこれだけの効果を引き出そうと思ったら、大変な費用がかかります。しかし、会長の「（宣伝などしなくても）いいものを作っていれば、お客様が口コミで広めてくださる」という説が、SNSでさらに加速されたように思います。

UGCの発生率が日本一に

この4年間のシャトレーゼに関するUGCの内容を比べてみると、運用開始時は「公式アカウントがあった！」といった内容でした。それが1年後には、「シャトレーゼで買ってきた」という文脈のツイートが増え、さらに2年後には「ツイッターを見て買ってきた」という内容に変わりました。

いまはちょうど38万人ぐらいのフォロワー数ですが、公式アカウントとは別のところでおすすめアイテムを教え合ってくださるなど、お客様同士がコミュニケーションを取ってくださっているようです。

先日、ツイッター社でお話をうかがったところ、UGCの発生率でいうと、シャトレーゼは日本で一番なのだそうです。まだまだフォロワー数は少ないので、あくまで比率での話ですが、これまでの取り組みは間違っていなかったことが数値でも証明されて、本当によかったと思います。

フォロワーがシャトレーゼの3倍以上いらっしゃる大手スイーツチェーンと比べて

▶ツイッタースタート後の比較①

指標	2017年8月	2019年8月	効果
フォロワー数	0	約20万	
口コミ数／月（RT含む）	19,046件	287,339件	約15倍
UGC数／月（テキスト含む）	3,890件	11,670件	約3倍
UGC数／月（画像付のみ）	139件	2,766件	約20倍

▶ツイッタースタート後の比較②

指標	シャトレーゼ	A社	
売上（億円）	約543億円	約740億円	約0.7倍
店舗数	約500店舗	約1,000店舗	約0.5倍
フォロワー数	30万	100万	約0.3倍
言及数（RT込）	225,910件	153,400件	約1.5倍
UGC数（クチコミ）	87,410件	41,350件	約2.1倍

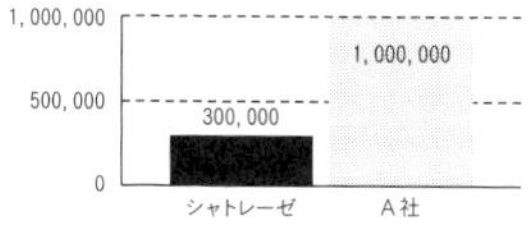

フォロワー数

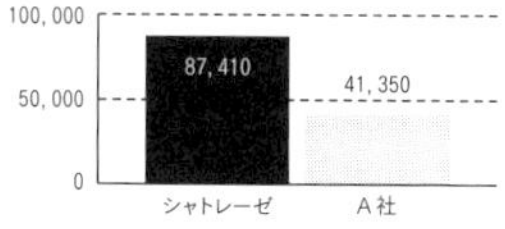

UGC数

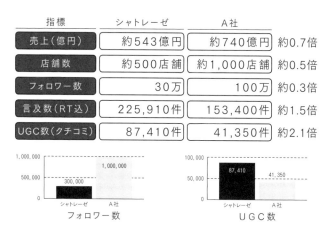

も、リツイートを含む言及数はシャトレーゼのほうが約1・5倍、画像やコメントつきで発信してくださるUGC数も約2・1倍だったという結果が出ています。

振り返ってみれば、費用がないことが、逆に功を奏したといえるのかもしれません。広告宣伝費をかければそれなりに効果が期待されますから、費用の割に効果が上がらず、もしかすると「失敗した」と感じることが起きていたかもしれません。

しかし、シャトレーゼは小さなことから積み上げていきましたから、「誰も損をしていない」。そのため、どんなに小さな進歩でも、すべてが成功事例になります。

私たちは、他社があまりやらないセールスの仕方をずっと模索してきました。広めてくださる方が1店舗あたり何人いらっしゃるかということも、だんだんわかってきましたので、今度はその方々を中心にコミュニティ化して、情報発信していただく仕組みにもトライしてみたいと思っています。

また、商品ごとにそれぞれ熱心なファンの方がいらっしゃることを踏まえた取り組みも考えています。

たとえば、スポンジの間にクリームなどを挟んだ「ブッセ」という焼き菓子があるのですが、これは男性のお客様に熱烈なファンがいらっしゃいます。使用しているチーズやクリームも結構本格的ですし、表面のごつごつと中のふわっとした食感の対比が人気のようです。

最近は、そういう特定の方々とのコミュニケーションを深めていくのも面白いかなと思っているところです。

デジタル系でこだわりを可視化

シャトレーゼの場合、ふらっと寄って何かを買っていくというよりも、目的があって来店されるお客様がほとんどです。たとえば、子どもの誕生日だからケーキを買おうとか、買い置きのアイスが切れてしまったから補充しようとか。

そういうお客様に、こだわりの部分を伝えていくのはなかなか難しいのです。でも、そうやって来てくださったお客様に、どうしたらきちんとこだわりを伝えられるのか。これは大きな課題でした。

扱うアイテム数が多いので、お客様は「お菓子の国みたいだ」と喜んでくださいますし、そのような楽しい雰囲気も、もちろん大事です。

その一方、あれもこれもと視線が横に広がるため、結局何を買っていいのかわかりにくいという点はあります。また、こだわりを伝えるPOPやポスターを作っても、景色の中に埋没してしまうことがあります。

季節の切り替えもありますし、毎月1割ぐらいの商品を入れ替えます。そのため、店頭での告知はどうしても「新しい商品が出ました」というお知らせが目立ちます。店頭だけでこだわりの部分を発信していくのは、なかなか難しかったのです。

店頭での情報が横に広がるものだとすると、インターネットでの発信は基本的に縦に進む情報です。SNSも縦にスクロールしますよね。デジタル系は、一つの情報を深掘りしていくのに合った媒体、こだわりを可視化するにはもってこいの手段です。

SNSに取り組むのと同じころにブログも立ち上げ、こだわりを伝えていく試みも始めました。契約農家に取材に行ったり、商品開発者に出てもらったり、SNSで話題になった方にインタビューしたり。

これも、お客様とつながるということを意識しながら、販売促進チームのメンバーが取材をして書いています。

コツコツと月に三つか四つぐらい投稿してきましたから、いまは190近く記事が溜まりました。ツイッターやインスタグラムだけでは多くを伝えられませんが、SNSを通して興味を持ってくださった方により深く知っていただくためのツールとして、うまく機能してくれていると思います。

なぜ「人とつながる」ことをここまで意識するようになったかというと、ある出来事がきっかけです。

それは、２０１０年代初期に実施した「夢のアイスキャンペーン」でのお客様の反応でした。「あなたの夢のアイスを募集します」というキャンペーンで、優秀賞に選ばれた作品を実際に開発してお届けします、という内容です。

企業がこういうキャンペーンを仕掛ける場合、通常であれば広告を打ったり、テレビコマーシャルを流したりします。

ところが、シャトレーゼは店頭でチラシを配っただけ。１店舗あたり４００枚、全体で20～30万枚ぐらいで、費用的にも２００万円で収まる程度です。それが、結果的には約３万件の応募に結びつきました。

一般的には、３万件の応募を集めるには数千万円規模のキャンペーンが必要とされます。

それがわずか２００万円、しかもチラシだけなのです。それも配ったチラシにイラストなどを描いてお店に持ってきてくださいという、非常に面倒くさい方法での応募です。それで3万件も集まるなんて、「あり得ない！」と思いました。

それからも、何かアクションを起こすと、お客様からしっかり反応が返ってきます。それがなぜなのかは、いまだにわかりません。扱っている商品がお菓子だという部分も大きいのだと思いますが、シャトレーゼに来てくださるお客様というのは、そういうお客様だということはたしかです。

積極的につながりを仕掛けていけば、きっと反応してくださるに違いないと思えたことが、予算も人手もない中でSNSを本格的にスタートし、コツコツと積み上げてくることができた原動力です。

SNSを広報に利用する企業は多いと思いますが、売り上げに直結した運用がここまでうまくいくケースはなかなかないと聞いています。綿密に考えて足踏みするよりも、「まずはどんどんやってみよう」という社風と、ファンになってくださったお客様あっての結果だと思っています。

第4章

新業態「YATSUDOKI」と海外事業の展開

「YATSUDOKI」で都市部へ進出

もっとプレミアムなおいしさを

2019年9月、銀座に新業態シャトレーゼ プレミアム「YATSUDOKI」を立ち上げました。

「シャトレーゼがあるのは本当に田舎か」という話題で盛り上がるほど、長い間郊外で展開し、お客様に「おいしいのに安い」と喜んでいただく商品を提供してきたシャトレーゼが、突然都心に、それもいきなり銀座に出店したことが話題になり、多くのメディアにも取り上げていただきました。

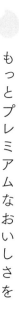

その一番のきっかけは、「近くにお店がないので、行きたくても行くことができない」と言ってくださる都市部で暮らしているお客様の声です。

北海道や九州まで出店地域を広げてきましたが、東京、名古屋、大阪、福岡、仙台、札幌といった大都市圏の中心部には、まったく出店してきませんでした。しかし、そろそろ都市部への出店を考えるべき時期が来た、そう思ったのです。

ファームファクトリーをスタートさせて約30年、八ヶ岳を中心に全国の契約農家の方々と一緒に良質な原料を調達してきました。商品開発にも力を入れ、2018年には名パティシエの武江《たけえ》章《あきら》氏を洋菓子部門の顧問に招いて技術指導をしていただけるようになり、年々おいしさのグレードも上がっています。

特に、原料や製法にこだわった商品は「シャトレーゼプレミアム」という名前で提供してきましたが、もっと生かすことができるのではないか。

専門店やデパートの地下食品売場などでさまざまなお菓子が選び放題の都市部で勝負するなら、シャトレーゼの中でもとびきりプレミアムなおいしさを提供したい。

どうせ出店するのなら、高級菓子店がひしめき、舌の肥えたお客様が集う激戦区で、シャトレーゼがどこまで通用するかを見てみたい。

そんな思いで、銀座に続いて自由が丘、白金台へと出店することにしました。

高級なお菓子を食べ慣れた方に、「あそこのお菓子はおいしい」と認めていただけたら本物です。

そもそも僕の目標は「日本一のお菓子屋になること」ですし、社員たちに、「シャトレーゼは、都会の真ん中でも堂々とやれるだけの力を積み上げてきたのだ」という自信や誇りを持たせるのも、大事なことだと考えたのです。

シャトレーゼのお菓子の原料は、白州の名水をはじめ、卵は清里、牛乳は野辺山、果物は山梨や長野など、八ヶ岳の新鮮な原料が中心ですから、新ブランドの名称は「八ヶ岳」を強調しようということ。

また、江戸時代の時間の呼び方でいうと「八ツ刻（やつどき）」は午後3時、おやつの時間ですし、「八」は末広がりで縁起もいいことから、「ＹＡＴＳＵＤＯＫＩ」と名づけました。

郊外のワンストップ型店舗は、十分な駐車スペースが確保できる200～400坪の広い面積が必要でしたが、街の中心にある都市型店舗なら、駐車場は不要です。また、郊外のお店はリピーターのお客様がほとんどなので、マンネリにならない豊富な品ぞろえも楽しんでいただけるよう、心がけてきました。

しかし、都心の場合は人の入れ替わりが激しいので品数を絞り、高級菓子店にひけをとらない品質で勝負したほうがいいわけです。地代の嵩《かさ》む都市部の店舗は場所が狭くなる分、品数を230種類ほどに絞り、その時期その時期の八ヶ岳のとびきりおい

▶ワンランク上のスイーツが楽しめる
シャトレーゼ プレミアム「YATSUDOKI」

都市型プレミアムブランド「YATSUDOKI」吉祥寺店

ギフトも充実

「YATSUDOKI」の主力商品「プレミアムアップルパイ」

しいものを商品化しようと考えました。

一番の狙いは、なんといっても「焼きたて」「作りたて」です。

シャトレーゼの商品はすべて工場直送ですが、これまではどんなに頑張っても、今日作ったものを翌日の朝にお店に届けるのが精いっぱいでした。今日作ったものを今日お店に並べるようにしようといろいろ模索してきましたが、やはり究極を目指すなら、お店での焼きたてにはかなわない。

「ＹＡＴＳＵＤＯＫＩ」にはすべての店舗にオーブンを設置し、店舗で焼き上げる手作りの商品にも力を入れました。店内いっぱいに漂う焼きたてのお菓子の香りは、何よりの訴求効果があります。

「ＹＡＴＳＵＤＯＫＩ」の一番人気の商品が焼きたてのアップルパイなのは、予想通りの結果です。糖度抜群のメロンや高級なシャインマスカットがふんだんに使えるのも、より高級な素材を扱う「ＹＡＴＳＵＤＯＫＩ」ならではの強みだと思います。

高級路線でもお求めやすく

シャトレーゼのケーキは２００円台から買うことができますが、「ＹＡＴＳＵＤＯ

KI」のケーキは値段の張る素材を使い、手作りする部分が多いため、400円からの提供です。それでも、都市部の高級洋菓子店と比べると半額以下の商品が多いですし、シャトレーゼでも販売しているアイスなどの商品は、郊外と同じ価格です。

都心のお客様の感覚からすると、銀座の真ん中で60円台のアイスが買えるのは、驚くような値段設定ですよね（「チョコバッキー」は税込64円）。場所柄を考えたら、もう少し高くてもよいのではないか、という声もありました。

しかし、やはりシャトレーゼが提供するからには、素材にこだわり、鮮度にこだわるのはもちろんのこと、それを効率化して、リーズナブルに提供してお客様に喜んでいただこうという基本姿勢は、「YATSUDOKI」であろうと貫きたいと考えたのです。

狙いが当たって、滑り出しは順調でした。しかし、新型コロナウイルス感染症の予防対策でテレワークが増え、巣ごもり需要で郊外の店舗が好調な半面、都市型の店舗はまだ思ったほど伸びていません。

とはいえ、ピンチは常にチャンスのときです。

条件のよくないときに何かを始めるのは、シャトレーゼの得意とするところ。逆に考えれば、世の中の景気が一番いいときに始めていたら、それ以上の伸びは期待できませんが、こういう状況下でも商売になっているということは、将来的には必ず伸びるということです。

都会だからこそ、シャトレーゼのお店がいいのだという方も大勢いらっしゃって、なかなか面白いことになっています。

高級志向の「YATSUDOKI」だけではなく、「おいしいのに安い」「圧倒的な品ぞろえ」の「シャトレーゼ」も都市部に進出してほしいという話も多くなりました。

また、店舗の狭さを逆手にとって、ディスカウントストア「ドン・キホーテ」のお菓子版みたいなお店にするのも、意外と都会で受けるんじゃないか、と言う方もいます。300～400種類のお菓子が所狭しと立体的に並んでいたら、たしかに面白そうですよね。

以前は、賃料の高さや縛りの多さから、都市型の商業施設への出店は敬遠していたのですが、2016年ごろからそういうところからの出店要請が相次ぐようになり、条件の折り合う場所での出店も進めています。

銀座1号店からスタートした「YATSUDOKI」も、現在は20店舗を数えます。

はじめは直営店だけでしたが、FCでの申し込みも相次ぐようになり、北海道や大阪、京都などでの展開も始まりました。

今後は荻野がお話しした通り（第1章）、都市部では地域の潜在的なニーズに応じて「YATSUDOKI」か「シャトレーゼ」かを判断して、展開していく予定です。

お値打ち価格のジレンマ

中島の話で出た2014年の調査（第3章）で、「シャトレーゼの商品はふだん使いにはいいけれど、ひと様には恥ずかしくて贈れない」という声があがったのは、大変なショックでした。

その後、ギフト用商品の体裁にも力を入れ、ご好評いただいているのですが、ここ一番のプレゼントにはならないのが、どうにも歯がゆい思いでした。

値段は、コンビニエンスストアやスーパーマーケットが扱うスイーツよりもお買い得。品質は、老舗の菓子店にも負けないレベルを追求してきました。

しかし、やはりフォーマルな贈答品は、名の通った一流ブランドにはかなわないわけです。贈り物にするものは高級なほど喜ばれるわけですが、高級なものは高級な素材を使っているからその分、値段が高い、というのが一般的な常識です。

シャトレーゼの商品がお値打ち価格なのは、これまでお話ししてきたように、中間マージンのない工場直売であること、なるべく工程を効率化して人件費を抑えていること、広告宣伝費をかけていないことで実現させています。

また、素材はどこにも負けないものを使っています。顧問になってくださったパティシエの武江さんが「使ってみたいと思う良質な素材が、ほとんど揃っていますね」と驚かれたくらいです。


「おいしくて安い」ことと「高いから価値がある」ギフト。この相反する価値観をどう克服するかが長年の課題でしたが、「YATSUDOKI」を出したことが、その解決策になりました。

素材のよさを前面に押し出し、スイーツ激戦区でも通用する品質をアピールしたことで、シャトレーゼのこだわりを広く認知していただくこともできました。

また店の体裁、デザイン性、商品のクオリティ、全部含めて目指すところを実現した「YATSUDOKI」なら、お使い物にもふさわしいと思っていただけるでしょう。ブランドイメージも高まり、シャトレーゼ全体の底上げになったと思います。

郊外はオールマイティ路線で

都市部に出店を始めたからといって、方針転換をしたわけではありません。郊外のワンストップ型店舗にも引き続き力を入れています。店舗数もあと3倍は増やせると思いますし、扱う商品数もまだまだ増やしていきたい。

スイーツだけではなく、家庭の食のさまざまなシーンに関わって、暮らしの24時間シャトレーゼの商品をお楽しみいただけるようなラインナップにしていきたいとも考えています。

現在シャトレーゼでは、食パンやバターロール、クロワッサンなど10種類ほどのパンやピザ、高原野菜や果物を使ったスムージーなども提供していますので、朝昼のお食事に活用していただけます。

また、通い瓶（初回に専用の瓶を買ってワインを注ぐ。2回目以降は空の瓶を持っていくと、新しい瓶にまた注いでもらうスタイル）で購入できる生ワインにも力を入れていますので、夕食はワインを中心に、今後はそれに合うおつまみなどもお届けできたらと思っています。

そのほかには、いまのところ数量限定、通販中心の販売ですが、シャトレーゼグループのリゾートホテルのシェフ特製「蓼科牛《たてしなぎゅう》と白麗茸《はくれいだけ》のビーフカレー」もかなり評判がいいんです。

売り場を立体的に使えば、まだまだ商品を並べる余地はあります。お客様が何を望んでいらっしゃるかを踏まえつつ、郊外はさらにそういう形で拡大していく予定です。

国内から海外へ

郊外から都市部への進出と並行して、国内から海外への展開も進めてきました。これから日本はますます少子高齢化が進むでしょうから、そうした現状を見据えての対策です。

国土交通省の「『国土の長期展望』中間とりまとめ」(2020年10月)によると、日本の人口は2008年の1億2808万人をピークに減り続けていて、2050年には約1億人を割り込み、高齢化率はピーク時の22・1パーセントから37・7パーセントへ上昇すると予想されています。

ということは、これからもどんどんお年寄りが増えるわけです。

若い世代が好む洋菓子は、相対的に消費が少なくなるでしょう。これからは和菓子の需要が高まると見ているのですが、菓子業界を見ると、和菓子の後継者は減っているのです。

少し前までは、どこの町にも昔ながらの和菓子店が頑張っていらっしゃいましたが、のれんを下ろしてしまわれたところも少なくないようです。ですから、国内向けにはもっと和菓子部門も盛り上げていきたいと考えています。

では、洋菓子部門はどう盛り立てていけばいいのか。

そこで、日本に近い国々を見てみると、アジアの国々の平均年齢は軒並み20代なんですね。インドネシアは人口約2億7千万人で平均年齢は29歳、フィリピンは約1億人で平均年齢は23歳です。中国や韓国は別として、どの国もみんな若いのです。

この伸び盛りの状況は、40年ほど前の日本とよく似ていますよね。これから洋菓子の需要が高まることが期待できます。

香港やシンガポールの経済状況は日本と同等かそれ以上ですから、日本で作ったものを船で運び、関税や運賃がかかる分を上乗せしても「おいしくて安い」と、とても評判がいいのです。

お客様も日本の果物がおいしいことはご存じで、それも需要につながっています。シャトレーゼは山梨が拠点ですから、夏になると白桃やピオーネ、シャインマスカットなど、山梨が力を入れている果物を現地に送ることができます。

白桃やシャインマスカットは現地でもすごく流行っていて、たとえばシンガポールの高島屋に行ってシャインマスカットが一房いくらで売られているかを調べると、高いものは1万円ぐらいしていますし、安いものでも4～5千円はしています。白桃もそれぐらい高いです。

ところがシャトレーゼの場合、産地の利を生かして無駄なコストをなくして、お客様に素直な値段で出していますから、百貨店などでシャインマスカットを一房買うより、シャトレーゼのシャインマスカットのホールケーキを買ったほうが安いのです。シャインマスカットを丸々一房使ったタルトもありますから、これも年々口コミが広がって、毎年桃やぶどうの時期はすごい賑わいになっています。

ただベトナムやタイ、インドネシアはまだこれから伸びる国ですから、一般庶民の所得に対して、シャトレーゼのお菓子は高級品になってしまいます。それがよくわかりましたから、「よし、それなら現地に工場を作ろう」と決め、インドネシアに工場

▶加速する海外展開

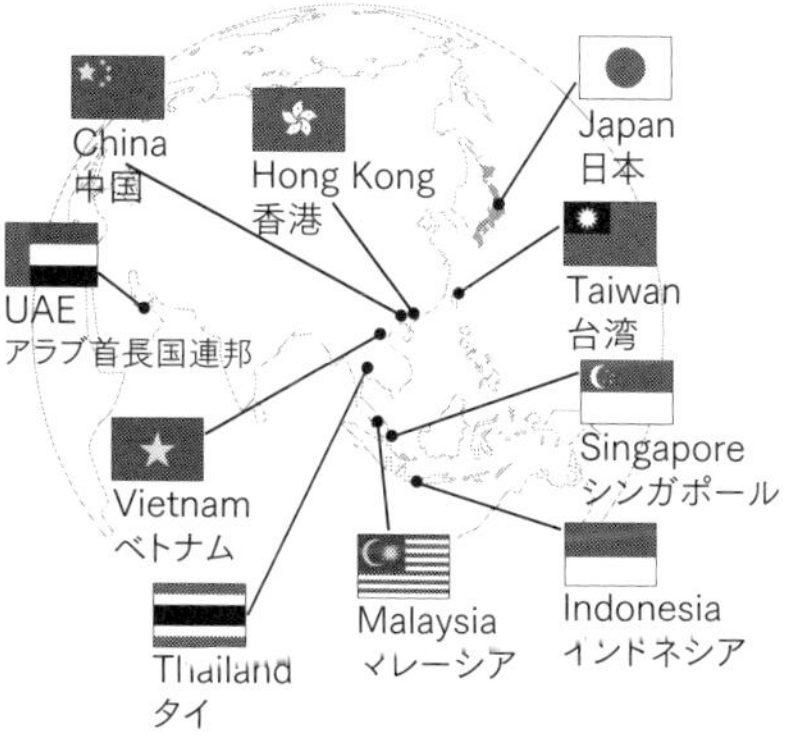

を作りました。

新型コロナウイルス感染症の状況がもう少し落ち着いたら、現地生産を開始する予定でいます。そうすれば、現在日本円に換算して１００円で売っているシュークリームが30～50円で売れるようになります。かつて日本の子どもたちに夢の洋菓子を届けたように、現地の子どもたちに喜んでもらえるようになるはずです。

そのほかの原料は現地調達になりますが、生クリームだけは北海道産のものを日本から持っていきます。インドネシアの工場が稼働を開始すれば、大きな話題になると思いますよ。

香港やシンガポールを中心に、昨年１年

間だけでアジアに30～40店舗出店し、2021年3月で100店舗を達成しました。

おそらく5年後ぐらいには、国内と海外の店舗数が同じぐらいになるのではないかと思えるほど、現地の方々からのFCの申し込みが続々と増えています。おひとりで4店舗展開されている方もいらっしゃいますし、今後ますますアジアはシャトレーゼの大きな商圏になってくるでしょう。

それでは、シャトレーゼがどのようにアジアに地歩を築いていったのか。具体的な話は、1号店のオープン当初から中心になって携わってきた、海外営業部課長の渡邊《わたなべ》秀《しゅう》太郎《たろう》に任せるとしましょう。

シャトレーゼの海外戦略

――海外営業部課長・渡邊秀太郎

第一歩はシンガポールから

シャトレーゼと海外の関わりは、2012年にオランダの菓子メーカー、メートルポール社がシャトレーゼグループに加わったことに始まりますが、ここは生産拠点の一つとしての関係です。店舗展開という意味では、2015年4月1日にシンガポールに出店したアジア1号店が最初になります。

シンガポールは、アジアのマーケットにおけるショーウインドウだといわれています。そのため、アジア進出を考えるブランドの多くが、まずはここを拠点に情報収集をし、次の一手を打っています。

これからアジアで展開していくのなら、まずはシンガポールで大きな花火を打ち上げてみるべきだろうと考えました。

アジア1号店の「シンガポール伊勢丹ジュロンイースト店」（現在は閉店）

シンガポールには日系の会社も多く、日本人も数万人いらっしゃいます。ですから、日本人を対象にしたビジネスも十分成り立つ素地があるのですが、シャトレーゼの場合、現地の方に気に入っていただけないと、今後のFC展開は見込めません。

そのため、あえて日本人の多いエリアは避け、シンガポール伊勢丹ジュロンイースト店内（現在は閉店）に、1号店を出店することにしました。

もちろん、いきなり常設店を設置したわけではありません。オープン半年前の2014年11月に、シンガポール伊勢丹スコッツ店で2週間、試験的な販売を行いました。

実際に、シャトレーゼの商品をどういう形で海外に運べばいいのか、どのくらいの売価なら手に取っていただけるのか、お客様はどんなふうにシャトレーゼの商品を評価してくれるのか、というところを見定めるための催事です。

2週間分の商品を用意したつもりだったのですが、蓋を開けてみたら連日の行列で、わずか5日で商品ケースが空っぽになってしまいました。思わぬ反響で、本当に驚きました。

シンガポールは日本以上にインターネット環境が発達していますから、SNSでバーッと口コミが広がったようなのです。最初のきっかけは、シンガポールにシャトレーゼが来るということを知った日本人のお客様が楽しみに待っていてくださったことでした。

催事の会場で日本人のお客様から直接聞いた話によると、「シンガポールにはラーメンもあれば、焼き肉もある。比較的日本食に不自由はないのだけれど、おいしいと思えるスイーツになかなか出合わない」とみなさん思っていらしたようなのです。

たしかに、シンガポールには日本の外食産業が結構進出していて、日本の大手チェーンはだいたい揃っています。

日本食も浸透していて、特に珍しくはなかったのですが、現地の方々が驚いていたのは「日本のブランドに対して日本人が並んでいる」という光景です。

先に進出していた日本の外食チェーンに日本人が並ぶ様子は見たことがなかったのに、「日本人が並ぶ日本ブランドって何だろう?」と興味を持たれ、日本人と一緒に現地の方が並んでくれました。実際に食べてみたらおいしかったから、口コミで広めてくださったということのようです。

催事に持ち込んだのは30～40種類ぐらい。洋生菓子だけを持っていきました。シャトレーゼはフレッシュフローズンといって、瞬間冷凍でおいしく冷凍保存できる技術をもともと持っていますから、それで勝負したのです。

催事告知のチラシには、北海道産生クリームを使っていることを謳いました。シンガポールの人って、北海道好きな人が多いのです。「北海道」というワードが切り口になりますし、何よりシャトレーゼの生クリームは抜群においしいですから、召し上がれば、そのよさがきっとわかっていただけると思いました。

品質の高さで知られる根釧《こんせん》台地の酪農家の牛乳が、原料です。これを12分の1に濃縮して作る豊かな味わいは、東南アジア産の生クリームとは比べものになりません。

というのも、暑い国の牛は水をたくさん飲みますから、採れる牛乳も水っぽくて薄味です。それに対して、北海道のような寒冷な気候で育つ牛の牛乳は、乳脂肪が多くて濃厚なのです。その違いも、大きく響いたのだと思います。

それともう一つ驚いたのが、日本人はもちろん現地の方までが、シャトレーゼの商品は「甘くなくておいしい」と言うのです。

日本では甘さ控えめが好まれていますが、海外進出するにあたっての私の先入観では「海外の方は甘いものが好き」だと思っていました。日本人向けの甘さを抑えた商品では、甘さが足りないんじゃないかと気がかりでしたし、社内の会議でも「海外向けに、甘さを増やしたほうがいいんじゃないか」という話が出たのも、たしかです。でも、まずはシャトレーゼ本来のものを味わっていただこうという方針が、功を奏しました。

日本の品質はそのまま。素直な価格で提供する

いま振り返って分析してみると、洋生菓子ってそもそも日持ちしない商品です。なおかつ、シンガポールは雨季と乾季の違いがあるにしても、年間を通して気温が20度を切ることはありません。1年中、夏なのです。日本の春から初夏にかけてくら

いの暑さなので、現地で作られる洋生菓子は、日持ちさせるための砂糖がかなり入っているようです。

つまり、海外のお菓子が甘いのは、お客様のニーズがあって甘いのではなく、メーカーの都合で甘くしている部分が大きいのではないかと思います。

これはシャトレーゼの商品で苦労した部分でもあるのですが、「いつまで日持ちしますか？」と聞かれて、「明日までですよ」と申し上げると、びっくりされるのです。「えっ、明日までですか。古いんですか」とおっしゃるので、「いえいえ、新鮮だから明日までなんですよ」とお答えしていますが、お客様がシャトレーゼの消費期限の短さに驚かれているということは、市場に出ているものは、かなり日持ちするということです。つまり、大量の砂糖や添加物が当たり前に使われているということですね。

本当にすごく言われるんですよ。「えーっ、短い！」って。

だから、シャトレーゼの商品は無添加・減添加、安心・安全製法をモットーにしていること。日持ちの短さは異常なことではなく、逆に新鮮で安心できる証だということを、繰り返しお伝えするようにしています。

シャトレーゼは価格破壊にもチャレンジしていて、事実シンガポールや香港では実現できています。「おいしくて安い」ということで、強烈なファンがどんどん増えていったのが、急速にここまで成長した原動力です。

最初にお話ししたように、日本から持っていっても断然安い価格なんですよ。ところが現地では、日本のお菓子が日本の販売価格の2~3倍ぐらいで売られています。たとえば、コンビニエンスストアで売っているアイスと同じアイスを現地で買おうと思ったら、3倍近い値段です。逆に言えば、「日本」というブランドがあれば、値段を高く設定しても売れるのです。

ですから、シャトレーゼが出店するときも、値段を2~3倍にすることは可能でした。１００円のシュークリームを３００円にしても、売れたと思います。

ですが、シャトレーゼが大事にしているのは、お客様と長く信頼関係を築いていくということです。儲ける価格ではなく、本当に必要最低限の適正な価格にしようという方針で始めました。

正直なところ、ビジネスとして成り立たせるには10店舗は展開しないと厳しいのではないかというぐらい、ぎりぎりの価格設定なのですが、それでいこうと。だから、現地の方も「なぜ、こんなに安いんですか」とびっくりされたわけです。

そういうときに私が誇らしげにお伝えするのは、「もちろん企業努力はしていますが、シャトレーゼが安いのではなくて、ほかが高すぎるんですよ」ということ。

日系の企業で百貨店に出店している洋菓子店では、ショートケーキ1ピースが軽く1000円ぐらいします。でも、シャトレーゼのケーキは日本円に換算して300円ぐらい、ダブルシュークリームだったら150円ほどです。

日本というブランドに頼った金額ではなく、日本の品質そのままの商品を、素直な価格で出していたことが、結果として現地の方々のハートをつかんだのだと思っています。

海外でもシャトレーゼ流を貫く

シンガポールに出店している30店舗すべてが、FC店です。シンガポールではいま、7社が加盟してくださっていて、それぞれのオーナーがシャトレーゼのブランドを拡大して、一緒にブランドを育てています。

みなさん、アメリカ型のFC方式しかご存じなかったので、「ロイヤリティは取りません」「上下関係もありません」「一緒に成長していきましょう」というシャトレーゼの方針をお話ししたら、とても驚かれていました。

シンガポールでの盛況ぶりを見て、シャトレーゼのブランドをタイでやりたい、マレーシアでやりたい、アラブ首長国連邦でやりたいという問い合わせをいただくようになり、1号店出店から6年で、アジア地域全体で110店舗を達成しました。

しかし、希望者すべてを受け入れているわけではありません。シャトレーゼが大切にしている部分にご賛同いただけなければ、お断りすることもあります。

オーナー希望者には、まず一度必ず日本に来ていただき、工場や契約農家の様子をご覧いただいたり、日本のお店をご案内することから始めています。単に「見て」「話を聞く」のではなく、「勉強しに」来て、シャトレーゼのよさを肌で感じていただくことを主眼にした来日です。

会長・社長とも直接面談していただくのですが、面と向かってお話しされるうちに意気投合して、「俺がシンガポールでそれを実現しよう」とか、「このエリアで、シャトレーゼを一番の洋菓子チェーンにする」と言う方もいらっしゃるんですよ。

その一方で、せっかく日本に来ていただいて会長から話を聞いても、私たちが大切にしている「お客様第一」という経営姿勢が伝わらない方もいらっしゃいます。

ご自分のお金儲けばかりに関心が強い方は、残念ながらお断りせざるを得ません。

特に外国のオーナーですから、最初にボタンを掛け違えてしまうと、出店した地域のみなさんにシャトレーゼそのものが誤解されることになりかねません。ですから、出店していただく前に、そこはしっかり時間をかけるようにしているのです。

互いに合意して、このオーナーだったらシャトレーゼの看板を託してもいいんじゃないかというところまで話が進めば、あとはどこに出店するかです。

さすがに日本人の私たちには判断が難しいので、まずは自国のオーナーにお任せして、「ここだったらシャトレーゼに適しているんじゃないか」という場所を挙げていただきます。私たちのほうでもチェックしてみて問題がなければ、そこからは3か月ぐらいでオープンできます。

オープン前に店長やスタッフには日本スタイルでの研修を行いますし、什器などは日本から持っていきます。

日本のケーキケースは、品質が高いんですよ。一番何が重要かというと、湿度です。ケーキは、そもそも湿度コントロールが大事です。特にシャトレーゼの商品はバタークリームではなく生クリームを使っていますから、湿度が安定していなかったり、低かったりすると、クリームが乾燥して風味が飛んでしまう。

ただ、性能がいい分、現地のケーキケースの値段の10倍はしますから、正直なところ初期投資は高くなってしまいます。

それでも、海外でもお客様には無添加・減添加で、安全・安心な商品を届けたいという方針には変わりません。そこは、私たちの規格に適したものを使っていただいています。

インドネシアの工場に寄せる思い

インドネシアにも進出が進んでいて、2017年11月の1号店オープンから現在までに9店舗がオープンしました。シンガポールや香港同様、商品はすべて日本で作ったものを運んでいるのですが、実はインドネシアならではの特殊な事情があります。

というのも、人口の9割以上がイスラム教徒ですから、アルコールと豚はダメなのです。同じ商品だとしても、アルコールを除いたり、豚由来の原料は除いたりする必要があります。

また、インドネシアはシンガポールや香港のような自由貿易国ではないので、商品の登録などに1年くらいの時間がかかります。最初は27品目でお店をスタートさせました。

インドネシアでビジネスを始めて最も苦労しているのは、価格です。

シンガポールとは事情が違い、必要最低限の素直な価格で出していても、それでも現地の一般の方々は買えないのです。

シンガポールや香港の方の一人当たりの収入と、インドネシアの方の収入は、全然違います。シャトレーゼで働くスタッフの給料でさえ、1日1000円ぐらいです。そういう方たちに、200円や300円だろうと、そんなケーキが買えますかということなのです。

そもそもは、インドネシア人のオーナー希望者が自国にも出店したいと申し込んでくださり、インドネシアと縁がつながりました。

しかし、オーナーになるような方はお金持ちなのです。そういうお金持ちの家には冷蔵庫がありますが、たとえば店舗で働くスタッフの家に冷蔵庫があるかというと、全員の家にあるわけではありません。

会長もインドネシアに足を運んで現地の様子を見ていますから、そういったところが「10円のシュークリームを出して、傷む前にどんどん売ってしまおう」と頑張ってきたころの日本と重なったのだと思います。

今後もインドネシアに出店していくのなら、現地の方々が気軽に買える商品をお届けしたい。そういう会長の思いがあって、インドネシアに工場を持つ決断につながりました。

工場は、首都ジャカルタから車で1時間くらいのボゴール市にあります。食品工場だったところを買い取って、菓子製造のラインへと設備を整えつつあります。

当初は2021年春に稼働する予定でしたが、新型コロナウイルス感染症の影響で、足踏み状態。いまは、仕方がありません。できることを、少しずつ進めているところです。

少子高齢化が進む日本は逆ピラミッド型の人口構成ですが、インドネシアは働き盛りの人が多く、2億7千万人がきれいなピラミッド型を描いています。その人たちに、日本の本当においしいケーキをリーズナブルに届けることができれば、ビジネスとしてもかなりの成長が期待できると思います。

また、何よりもシャトレーゼの商品を「おいしい、おいしい」と言ってくださるインドネシアの方々に、より多くの商品をお届けしたいと思っています。

インドネシアだけではなく、シンガポールやマレーシアなどにも一定数のイスラム教徒の方がいらっしゃるのですが、「シャトレーゼのケーキはおいしいと聞くから食べたいのだけれど、アルコールの入っていないものはありますか」と聞かれるたびに、何度も心苦しい思いをしました。

いずれ、ハラル認証（イスラム教の戒律に則って調理・製造された製品であることを示す制度）の製品を作ることも視野に、もっと日本のおいしいケーキを届けていきたいと思います。

インドネシア工場が稼働するようになると、シャトレーゼが中道工場の本格稼働後にたどってきた道をたどっていくことになるかもしれません。もしかしたら私が定年を迎えるころには、インドネシアのシャトレーゼも、いまの日本のように大きくなっているかもしれないなと思います。

必要になれば、なんとかなる

私はもともと営業担当なのですが、商品に自信と誇りを持てなければ、お客様に紹介はできません。

シャトレーゼの商品は胸を張って紹介できるものばかりですから、国内の営業に関してはそれなりの成績を上げてきました。そこを評価してもらって、私の中のシャトレーゼイズムを海外にも伝えてほしいと、海外進出担当を命じられました。

問題は「まったく英語が話せない」ということ。

ただ「必要になれば、なんとかなる」というのがシャトレーゼの社風です。いまは話せなくても必要があれば身につくはずだし、営業力を評価してもらったことをチャンスととらえようと、気持ちを奮い立たせました。

話せないことをマイナスには考えず、仕事を進めながら、聞きながら、勉強しながら、なんとか通用する言語力を身につけていきました。

言葉のことよりも心配だったのは、果たして海外の人にシャトレーゼの商品を受け入れてもらえるのか、ということです。

国内であれば、素材のよさもおいしさも絶対の自信をもって紹介できるのですが、風土も食事も違う異国の地で日本の「おいしい」が通用するのかは未知数です。とにかく心配で、夢にうなされるぐらいでした。

配属されてから2か月の間は、ひたすら準備に費やしました。最初の催事がオープンするまで、もしも受け入れてもらえなければ、2週間分の商品が全部廃棄になってしまうのではないかと、ヒヤヒヤしっぱなしでした。

だから、私の目の前で召し上がっている現地のお客様に「どうですか？」と尋ねたときも、おそるおそるだったのです。

すると、満面の笑みで「ＧＯＯＤ！」とおっしゃる。

その瞬間、体がしびれたのを覚えています。「これならいける！」、不安が自信に変わった瞬間でした。会長に託された「アジアのシャトレーゼ」「世界のシャトレーゼ」への可能性が、現実味を帯びて感じられました。

日本は郊外のロードサイド店が中心で、１店舗あたりの規模が大きいのですが、海外はショッピングモールの出店が多いので、大きくても売り場面積は20坪ぐらいです。お店のサイズが小さいので、１店舗あたりの売り上げは日本のほうが多いですね。

ただ、海外のほうが出店の余地は大きいですし、いずれは日本の売り上げを追い越したいという思いはあります。ＦＣオーナーの募集広告は出していませんが、みなさんシャトレーゼの盛況ぶりをご存じで、日々海外からの問い合わせが来ています。

今後もシャトレーゼらしさ、「お客様が喜んでくれること」を一番に思う店舗を、海外でも展開していきたいと思っています。

第 5 章

家業的
企業経営の真髄

家業的企業経営を進める

自分の家業だと思ってやりなさい

ここ数年、国内国外ともに急速に店舗数が伸びていますが、いまの状態が当たり前だと思うと大きな間違いでね。それを教えるのが、僕の役割だと思うのです。50億円だった売り上げが10倍の500億円になったときも、僕は手放しでは喜べなかった。内心「これは危ないな」と思い、これ以上大きくなったら潰れてしまうと危惧しました。

というのも、僕にFCでの展開を見せてくれたT社も、その競合だった会社も、一時は飛ぶ鳥を落とす勢いで伸びていた洋菓子メーカーは皆、結局経営破綻してしまいました。その大きな要因は、経営者の交替がうまくいかなかったからです。

そのとき僕は66歳。ずっとワンマン経営でやってきましたが、僕がいなくなっても

▶シャトレーゼホールディングス 売上高（連結）と店舗数の推移

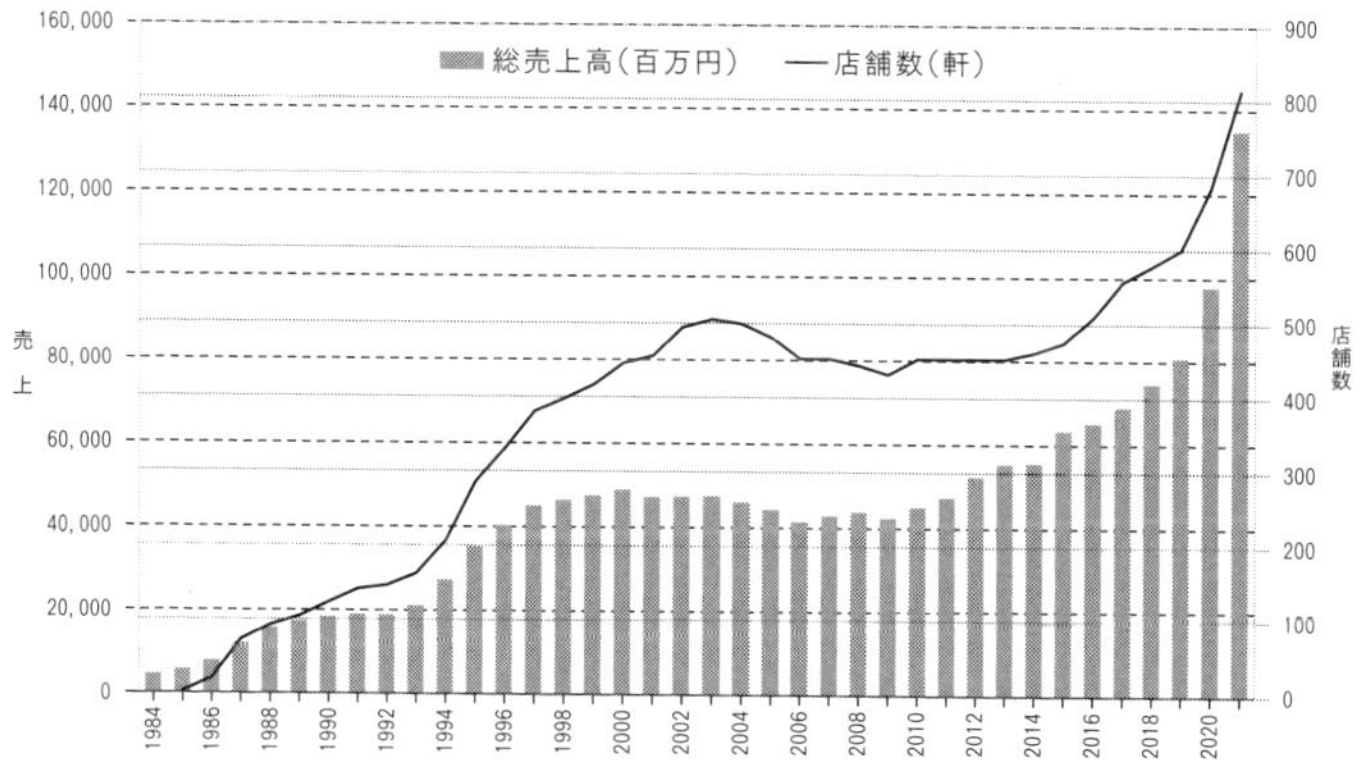

会社はちゃんと機能するのか。まずは、実験してみることにしました。

そばにいればどうしても口を出してしまいますから、傾いたゴルフ場を再建してほしいという話を引き受けることにしました。いったん会社を離れて北海道に腰を据え、若い人たちに経営を任せたのです。

その結果、ゴルフ場の再建はうまくいったのですが、肝心のシャトレーゼは１００億円も売り上げが落ちてしまいました。次の社長に交替しても、やはりダメ。うまく回っていきません。

車にたとえるなら、アクセルを踏んでもタイヤが回らない状態でした。どこかでスリップしてしまって、動かないのです。これはもう、組織そのものを変えるしかないと考えました。

会社が大きくなると、安心してしまうのでしょう。危機感がなくなって、会社にぶら下がったまま、漫然と業務をこなす社員が増えてしまっては困ります。一人ひとりの社員に使命と役割を与え、常に危機感を持って仕事をしてもらうには、どうしたらいいか。

そこで考案したのが、従来の組織体制をひっくり返し、逆ピラミッド型にした「プレジデント制」という制度です。

当初は事業を20くらいに細かく分けて、それぞれに「プレジデント」を置き、「社長」としての責任を持って各事業の「経営」に当たってもらうことにしました。

500億円規模の会社経営にはかなりの力量が必要ですが、規模を小さくすればそこまでの力はなくても通用します。

たとえば、シュークリームだけで年間10億円以上を売り上げますから、十分、中小企業としても成り立ちますし、このくらいの規模であれば意外とうまくやれるものです。若手リーダーを横並びで競わせながら、育成することもできます。

プレジデントたちには、「この仕事を『自分の家業』だと思ってやりなさい。雇われ仕事だと思ったらダメだ」「迷ったら『三喜経営』に照らして考えなさい」と繰り返し言い聞かせ、「経営」の考え方やノウハウを指導しています。

勤務している「会社」ではなく、自分の「家業」だと思えば愛着もわくし、さまざまな工夫をするはずです。

また、かける原価や定価の設定に関しても、「社長」の立場に立てば、「自分のお金だったら、そんな使い方をするのか」「それでお客様が喜ぶのか」を念頭に、1円たりともおろそかにしない厳しさが必要なことも、身に染みてわかるでしょう。

工場には80ほどのラインがありますが、いまは「アイスのプレジデント」「あんこのプレジデント」というように、すべてのライン長がプレジデントです。店舗のほうも各グループを統括するグループ長が、プレジデントとしての責任を果たしています。

ホールディングスが所有するゴルフ場やホテル、ワイナリーなどの子会社のトップを含め、シャトレーゼとグループ企業全体で、150名ほどのプレジデントが互いにしのぎを削っているんですよ。小さな規模から少しずつ力をつけ、いずれはシャトレーゼグループを背負って立つ人材に成長してもらいたいと思っています。

経営を学ばせる「プレジデント制」

この制度を導入した大きな利点は、プレジデントと私との距離が近いことです。シャトレーゼのビジネスは徹底した現場主義ですから、ライン長が工場長に相談し、工場長を通して僕に報告が来るような対応では遅いのです。悪いところは即変える。よいことはすぐに始める。そういうスピード感が大事です。

その点、現場密着の経営を行っているプレジデントたちが僕と直接やりとりすることで、かなりスピーディに物事が進むようになりました。中間管理職を通す必要のないフラットな組織になって、社内の風通しもよくなりましたね。

プレジデントが集まる会議は、まさに経営者のための会議です。「ここはこうしたほうがいい」「もっとこうできる」と僕も具体的に指導しますし、プレジデント同士が情報交換をする中で、成功にせよ失敗にせよ、教科書には出てこない数多くの実践例が学べます。これはやっぱり強いですよ。何よりの糧になるはずです。

経営の結果はすべて数字に表れます。プレジデントたちにはそれぞれ数値目標がありますから、目標を達成したプレジデントには現金で報奨金を出すようにしました。金額は出した結果次第ですが、僕から直接手渡しします。本人が頑張った結果ですから、銀行振込で家計と一緒くたになってしまっては、意義が薄れます。給料とは別に、毎月40万円ぐらいの報奨金を獲得している強者もいますよ。

真摯に経営に取り組んでしっかり結果を出せば、目に見える形で自分に返ってくる。頑張った結果がきちんと評価されて報われる。こういう循環ができたことで、力のある若手たちが俄然やる気を出してくれて、社内に活気がみなぎるようになりました。

もちろん、プレジデントになれば安泰というわけにはいきません。細かい規定がいろいろあって、たとえばクレームが出たりすれば即交替です。

優れた人材にはどんどんチャンスを与えたいと思っていますが、チャンスを生かせるかどうかは本人次第。失敗すれば、（自分の）会社がつぶれてしまう。そのくらいの緊張感が必要だと思っています。

意欲を持って行動する人間はどんどん成長していきますし、そういう場を与えるのも僕の仕事です。

日本は高度経済成長期に大きく伸びましたが、いまの大企業のトップはほとんどがサラリーマン社長ですよね。国際競争力が落ちて、中国や韓国の企業に遅れをとるようになったのは、こうしたことも大きな要因になっていると思います。

そういう観点から見ても、プレジデント制の導入には大きな意味があります。

上司の顔色をうかがいながらサラリーマン気分で仕事をするのではなく、「これが自分の仕事だ」「これが自分の家業だ」と腹を据えて仕事をする「家業的企業経営」が実現できてきたように思います。このままどんどん育ってくれたら、すごい力になりますよ。

ただ、力のつき具合を山登りにたとえると、まだ5〜6合目ぐらいかな。もう少し僕の伴走が必要ですが、そういう中から跡を継げる後継者を選んでいきたいと思っています。

経営の基本は「支え合い」

シャトレーゼのFCシステムは、いわば「のれん分け」のようなものです。本部の言うことに絶対服従させるような上下関係や縛りは、一切ありません。

FCオーナーの売り場があるからこそ売れるわけですし、FCオーナーにとっても質のいい品物は何よりの商材ですから、互いの「支え合い」で成り立つ組織だと思っています。

ＦＣオーナーには自分の経営する店舗しか見えませんが、我々の手元には全国に展開するすべてのＦＣ店の状況が見えています。

成績抜群の店舗は、何が優れているのか。

伸び悩んでいる店舗は、どこに問題があるのか。

業績は、数字に歴然と表れます。数値を追えばどこを改善すればもっと業績が上がるのかが、つぶさにわかります。もっとも、それほど細かく見なくても、粗利と人件費の部分を抑えていれば、だいたい儲かるようにはできています。

もともと資金力や経営力があると見込んでシャトレーゼの商品をお任せしているオーナーですから、「ああしなさい」「こうしなさい」と上から目線で指示するつもりは毛頭ありません。

しっかり儲けて喜んでいただけるよう、エリア担当の営業マンには「ここをこのように改善すれば、もっと儲かりますよ」と、具体的に相談に乗るように言っています。

さすがに九州や北海道は遠いので現地にエリア担当を置いていますが、シャトレーゼの営業マンのほとんどが、東北だろうと関西だろうと、山梨の本社から自動車で各地に出向いているんですよ。

電車を乗り継ぎながら新幹線を使うのでは時間がもったいないですし、エリア内の店舗を効率よく回るには車のほうが便利です。1年間に6万キロメートル移動すると、5年で30万キロメートル。リース期間が終わるころには、車を乗りつぶしてしまっている者も少なくないようですね。

新型コロナウイルス感染症の影響で、いまは集まるわけにはいきませんが、毎年1回、FCオーナーに集まっていただく会を催してきました。この会は、僕の通信簿でもあります。集まってくださる方がみなさん笑顔なら、経営は順調です。

でも、そっぽを向いている方がいたら、「これはまずいな」とわかるわけです。経営がうまくいっていないか、何か不満をお持ちなのでしょう。それは僕の責任です。

シャトレーゼが掲げるのは「三喜経営」ですから、我々は運命共同体として繁栄のお手伝いと奉仕に徹し、「お取引先様」には喜んでいただいてほしいのです。

何が、問題なのか。

どうすれば、改善するのか。

汗をかきながら知恵を出すのも、私たちの仕事です。

不思議なもので、ダメなところを切り替えた途端、繁盛店に変わったという事例には事欠きません。そこが経営の面白いところです。

たとえば、自分のロスになるのがいやで、どんどん返品してくる店舗がありました。ロス率を減らせばたしかに粗利の数字は上がりますが、それは売れているとはいえません。30年以上の古いおつきあいのある方でしたが、通常店舗の倍以上の返品率となるとさすがに目にあまり、「これでは困る」と申し入れました。

「お取引先様」は大切なパートナーですが、甘やかすことと大切にすることは違います。儲けに走ってお客様を顧みない行動をされる方を放置するわけにはいきませんし、1店舗でもそういう店舗があると、シャトレーゼ全体の評判を落とすことにつながりかねません。

幸いその方は経営のやり方を見直してくださり、むやみに返品することはなくなりました。すると、それだけで「売れる店」になったのです。

もともと来店率は悪くなかったのですが、ロス率を減らすために戻さなくてもいい商品まで返品していたせいで欠品が多くなり、商機を逃していたんですね。品揃えが改善されたことが売り上げにつながった好例です。

先ほどゴルフ場の話題に少しふれましたが、シャトレーゼは本業の「菓子事業」以外に、「ワイナリー事業」「ゴルフ事業」「リゾート事業」にも取り組んできました。経営の基本はもちろん「三喜経営」です。

「ゴルフ事業」が再建から始まったように、僕が手がける事業はいつも「悪いとき」が基点。儲かるからといって始めた事業は、一つもありません。

でも、本体のシャトレーゼだって、いつもピンチをチャンスに変えて伸びてきたわけですから、僕が得意とする部分でもあります。失敗する原因となった「業界の常識」は参考になりませんから、シャトレーゼ流のノウハウを導入し、あくまでもお客様目線であることを大切にして、事業を進めてきました。

お話ししたいことはいろいろありますが、それぞれの事業についてこのまま話し始めたらきりがありません。このあたりで、全体を統括するシャトレーゼホールディングス（以下シャトレーゼＨＤ）社長の齊藤貴子《さいとうたかこ》に、代わってもらうことにしましょう。

グループ企業のプラットフォーム

――シャトレーゼHD社長・齊藤貴子

HDが手がける仕事

グループ企業や子会社の今後の方針を決めるのが、シャトレーゼHDの役割です。一番のコアビジネスはもちろんお菓子のシャトレーゼですし、細かいことをいえばFC展開のほかに他社の製造を担うOEM（Original Equipment Manufacturer〈Manufacturing〉の略）的な事業だったり、アメリカ市場に単品単位での輸出をしていたりとさまざまなことを手がけています。

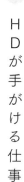

大きく分ければ「国内菓子事業」「海外菓子事業」「ワイナリー事業」「ゴルフ事業」「リゾート事業」の5部門になります。

ワイナリー事業は、もともと会長の父親がぶどう園とワイナリーを手がけていた縁

▶シャトレーゼグループ

菓子事業

Châteraisé
シャトレーゼ

シャトレーゼ

- 本社中道工場
- 白州工場
- 豊富工場
- 栗山工場
- 博多工場
- 神戸工場
- オランダ工場（シャトレーゼヨーロッパ）
- 神戸物流センター
- 九州物流センター

全国 約600店舗
海外 約110店舗

さかえ屋

さかえ屋

- 飯塚平恒工場
- 第2工場
- 九州店舗

東京 自由が丘
亀屋万年堂

亀屋万年堂

- 横浜工場
- 直営店舗

ワイナリー事業

シャトレーゼ
ベルフォーレ
ワイナリー

- ベルフォーレワイナリー
- 勝沼ワイナリー

ゴルフ事業

シャトレーゼ
ゴルフクラブ

- ヴィンテージゴルフ倶楽部
- 甲斐ヒルズゴルフ倶楽部
- 都留カントリー倶楽部
- 東京国際ゴルフ倶楽部
- 吉川カントリー倶楽部
- Lakelands Golf Club

他計19コース

リゾート事業

シャトレーゼ ガトーキングダムサッポロ
ホテル＆スパリゾート

ガトーキングダム
サッポロ

シャトレーゼ リゾート八ヶ岳

シャトレーゼ
リゾート八ヶ岳

- 小海リゾートシティ・リエックス
- シャトレーゼ スキーリゾート八ヶ岳

続きの事業です。

2000（平成12）年に会長が「シャトレーゼ勝沼ワイナリー」をオープンさせて、「ぶどうもちゃんとやれよ」という父親との約束を、40年経って果たしたわけです。2002（平成14）年には「ベルフォーレワイナリー」も引き受けることになって、本格的にワイン事業に進出しました。

国内外のワインコンクールでの受賞歴も多数ありますが、特におすすめなのが「樽出し生ワイン」です。

一般的なワインは、タンクで発酵させたあと、果皮や種などを取り除いて樽で熟成させ、加熱殺菌とろ過処理をして出荷します。

それに対して生ワインは、基本的に加熱殺菌やろ過をしていないため賞味期限が2週間と短いかわり、ぶどう本来の香りが楽しめるフレッシュなワインになります。樽から通い瓶にその都度詰めて販売する方式ですから、空き瓶が溜まることもないし、コストがかからない分、価格もぐっとリーズナブルなんですよ。

現在世界中で「SDGs（Sustainable Development Goals：持続可能な開発目標）」に取り組んでいますが、生ワインの通い瓶方式は、ワイナリー事業がスタートした20年前からずっと続けていることです。

通い瓶方式の「樽出し生ワイン」。フレッシュ&まろやかな味わい

今後も、こうした方向での活動にも力を入れていきたいと考えています。

ゴルフ事業ももともとは、会長が再生事業を手がけたことが始まりです。現在は海外1か所、国内は北海道から神戸まで18か所のゴルフ場を運営していますが、すべてが再生事業です。

また、ホテルやスキー場を含むリゾート事業も、再生事業の一つです。大きな負債を出して北海道拓殖銀行を経営破綻に追い込んだ高級リゾートホテルを再生させて、お菓子の楽しさをコンセプトにした大型リゾート施設へと生まれ変わらせました。

どの事業もお客様の目線で再考し、なぜうまく集客できなかったのか、シャトレーぜだったらどこまでお客様を中心に考えたサービスを提供して喜んでいただけるかを考えてチャレンジしてきた、というのが大まかな経緯です。

健康増進のためのゴルフ場

ゴルフというと、富裕層が楽しむお金のかかるスポーツという印象がありますが、18か所ある国内ゴルフ場のうち、そういう意味でのゴルフ倶楽部は2か所だけです。残りの16か所は一般の方を対象にした、全然高くないゴルフ場です。

そもそも日本でゴルフが始まったころは、高額な会員券で資金を集めてゴルフ場を開発し、高い年会費や使用料を取って運営していました。

こういう運営の仕方は会長に言わせると、「虚業《きょぎょう》」そのもの。そんなやり方で日本中に200以上のゴルフ場を作ったのですから、いずれ破綻するのは目に見えています。潤沢な資金でリッチなゴルフ場を売りにしていたところは、軒並み失敗してしまいました。

ゴルフというのは、お金持ちの道楽にしておくのはもったいないくらい、シニアの健康維持にもってこいのスポーツです。

シャトレーゼが手がけるゴルフ場は、「おいしくて安い」お菓子を提供しているのと同じ文脈で、「品質のいいものをリーズナブルに」提供するのが身上です。リーズナブルな価格設定でアクティブシニアといわれる元気な年配の方にも、気軽に遊びに来ていただき、野外で気持ちよく体を動かし、安心・安全で健康的なおいしい食事を召し上がっていただきたい。

健康的な生活をしてもらいたいという思いが根底にありますので、食事やいろいろな方々とのコミュニケーションを楽しんでいただくだけでもいい。そんなふうに考えています。

シャトレーゼが運営するゴルフ場では、サラダとデザートを無料で召し上がっていただけるようにしています。

やはり、食に関わる仕事をしてきたシャトレーゼがやることですから、おいしい食事の提供に心を砕くのは当然ですが、ゴルフ場を通してシャトレーゼの食へのこだわりを知っていただきたいという気持ちもあります。

これは私が直接目撃した例ですが、年配の男性がランチにいらして何やら注文されたあと、急に立ち上がって、デザートコーナーのみたらし団子をいくつも持っていかれたんです。

食べ始めたと思ったら、あっという間にみたらし団子のお皿が空っぽになって驚いたのですが、よくよく見たら注文したそばかうどんの中にみたらし団子を入れて、力うどんみたいな形で召し上がっていました。

「あんな食べ方もアリなんだ」と逆に学ばせていただきましたが、心置きなくたくさん召し上がっていただけるのは、見ていて気持ちがいいですね。

会長自身もゴルフをするため、ゴルフ場も徹底したお客様目線、徹底したプレイヤー目線で見ています。

要するに、一人のゴルフプレーヤーとして、高いお金を出して会員権を購入し、高いお金を払ってプレーして帰ってくるという従来のゴルフ場の在り方に、そもそも納得ができない部分がたくさんあったのだと思います。

きれいに整備されたゴルフ場でゴルフを楽しんで、おいしいものを食べて、気持ちのいいお風呂に入って、ゆっくりしてから帰宅したい。

「クラブライフ」という言葉があるように、ゴルフ場に集う仲間と楽しく時間を過ごすのも、ゴルフ場に行く醍醐味。そういう部分も含めてのゴルフ場だという思いを、もともと持っていたのだと思います。

たとえば通常、練習グリーンとスタートコースは厳然として分かれています。でも、「春日居《かすがい》ゴルフ場」では、それを全部つなげてパターの練習もアプローチの練習もできるようにしたんですね。

それまでは、練習グリーンに来てもパターの練習しかできないし、プレーをしにきた仲間には会えないからあまり面白くない。でもつながったことで、プレーをしに来た人と練習に来た人が会えるわけです。練習だけに来る人が、すごく増えたんですね。

ゴルフ場が単にゴルフをする場所から、プレーをしなくてもみんなと会って、ランチやお菓子を食べながらコミュニケーションを楽しむ場になった。そういった場を作ることが、これからのゴルフ場の一つの存在意義になるはずです。メンバーの方たち、プレイヤーの方たちが健康的に過ごせる空間、時間作りは欠かせません。

新型コロナウイルス感染症の予防対策で自粛の生活が続いていますが、ゴルフ場は屋外が中心の施設ですし、お食事にしても屋内にパーテーションを設置するだけではなく、希望者にはお弁当を作って屋外で食事を楽しんでいただけるようにしています。

こういう状況下であっても、健康的に安心して体を動かしていただける環境作りにも取り組んでいるんですよ。

そういうことで、長らく一般の方々のためのゴルフ場再生事業がほとんどだったのですが、会員制の高級ゴルフ倶楽部の再建も手がけるようになりました。

これは、二次倒産直前のゴルフ場から「つぶれないように、なんとか引き継いでくれないか」と頼まれたことがきっかけです。会長の人助け魂に火がついて、存続を希望する会員のみなさんの願いを叶えた形です。

改装したり、耐震工事をしたり、費用もかかりましたが、ビジネスとしても軌道に乗せることができましたし、会員のみなさんにもすごく喜んでいただくことができたという特殊な例です。

そのほかのゴルフ場は、本当にリーズナブルに提供していますから、ゴルフ場ってこんな価格で利用できるんだと、ご好評いただいています。

誰にでもできるならやらない

ゴルフ場やリゾートホテル等の再生事業が順調に推移していますので、現在シャトレーゼＨＤには、さまざまなＭ＆Ａ案件が寄せられるようになりました。

その一つに、ほぼ完璧な状態の旅館の話があったんです。建物の修繕もいらないし、オペレーションもいい、立地もいい、旅館としての格式も申し分ない。すべて完璧に揃った案件で、買収価格の提示も8億円ほどでした。

おそらく、うちがやれば間違いなく利益が出るはずです。私は「いい話が来た」と思ったのですが、会長は「これは買わない」と言うんですね。「なぜですか？」と問うと、「完璧すぎて、誰がやっても利益が出せる。改善する必要が何もない」、だから「やらない」と言うのです。

シャトレーゼが工夫して付加価値をつけることが、世の中やその地域にとって何かプラスになるのならやるけれど、それがないならやらないと。そこが判断基準でした。

それを聞いて、私にはまだまだ思慮が足りないと反省し、勉強になりました。これからもそういう視点で、世の中のためになることをやっていくのがシャトレーゼの使命なのだと、肝に銘じたのです。

2021年1月に老舗和菓子店の亀屋万年堂がシャトレーゼグループの傘下に入って大きな話題になりましたが、このときにも大きな学びがありました。亀屋万年堂の話もシャトレーゼから持ちかけたわけではなく、いただいた話でした。

こういう話があると、通常はそれが「シャトレーゼにとって、どんなプラスがあるのか」を基準に考えると思います。しかし会長は、「亀屋万年堂のために、シャトレーゼはどのようなお手伝いができるのか、いい影響を与えることができるのか」と考えるんですね。

どんなときも基準は、「三喜経営」です。今後のパートナーとなる亀屋万年堂に喜んでもらえるかが、発想の原点にあるのです。

ですから、先方との話し合いもとてもスムーズでした。

たとえば、トップマネジメントインタビューという会議を銀行の会議室をお借りして開催したときのこと。

担当弁護士に聞いたところ、普通はそういうトップマネジメントインタビューでは侃々諤々《かんかんがくがく》やりあって、こっちが得する、そっちが損するみたいな話に終始するのだそうですが、「とっても和やかでしたね。こんなのはじめてです」と言われました。

それはなぜかというと、亀屋万年堂は引地家が創業した老舗和菓子店で、現在は3代目が跡を継いでいます。シャトレーゼ側は「引地家のために何かできないか」という姿勢で会談に臨んでいますので、亀屋万年堂側も一緒に頑張りましょうという気持ちになってくださって、互いに協力できるいい関係が築けました。

亀屋万年堂は、ずっとロングヒット商品の「ナボナ」一本でやっていらしたので、新しい商品の開発はこれからの課題です。

しかし、すでに「亀屋万年堂」というすばらしいブランドを持っているわけですから、シャトレーゼ化する必要はありません。シャトレーゼは、あくまでもパートナーです。

良質な素材を提供したり、アイデアを出し合ったりしながら一緒になって亀屋万年堂を磨き、日本一の和菓子ブランドにしていこうという思いは一致しています。

私どもにとってのプラスは、お互いに伸びていける大きなパートナーができたこと。会長の判断の基準や話の進め方など、本当に勉強になりました。

FCオーナー目線からの改善も

これは半分ぐらい私事になりますが、私も数年前までは3店舗を経営するFCオーナーでした。

独身時代はシャトレーゼの開発部門にいたのですが、結婚して子どもを授かり、子育てに手がかかるようになったのを機に会社から離れ、14年ほど前にFCオーナーとして仕事に復帰したのです。シャトレーゼのお菓子がどんどん進化している様子を、オーナーの立場から体験することができたのは、本当に勉強になりました。

私は中道工場ができたころの入社でしたから、会社を離れていた数年の間に急速に進化していたことを、オーナーになって経営を始めるまで知らなかったのです。シャトレーゼはこんなにも手をかけて、こんなにもおいしい商品を作っているのかと驚きました。

ただ、そういったところが、お客様に伝わっていないなというのが大きかったですね。私自身、一人の客として買い物をしていたときには気づかず、オーナーになって知ったことがたくさんありました。

「こんなにすごいことをやっているのに、なんで言わないの？」と不思議だったのですが、店舗の経営を始めてみると結構忙しくて、店頭でお客様とお話しする機会はほとんどありません。こんなに伝えたいことがたくさんあるのに、なぜもっと伝える工夫をしてくれないのだろうと思うことがたくさんありました。

桜餅の葉っぱのことも、アイスの賞味期限のことも、よもぎを手摘みしていることも、アーモンドを自社で挽くところから作っていることも、お客様にお話しすると、「えーっ」と驚かれるんですよ。「シャトレーゼさんは奥ゆかしいですね」「なぜ言わないんですか」とよく言われました。

店舗に任せるのではなく、そういうことを会社としてもっと伝えてもらいたいと思いましたし、オーナーになったからこそわかる視点というのもたくさんありました。たとえば、いまは改善されましたが、包装に関してもパイショコラなどの細かい箱詰めのものを店舗でやるのは大変なのです。特に繁忙期には何十箱も出ますので、出荷する時点で箱に詰めてもらえたらとか、包装してもらえたらなどとお願いして、実現してもらったこともあります。

オーナーの立場を経験したことは、現在の業務にもすごく役立っています。オーナー目線で考えることも、パートナーとして協力することも、自分のこととして考えることができます。

ここは会社が頑張るところ、ここはオーナーとして頑張る必要があるところ、というのもわかりますし、同じ船に乗っている仲間として一緒に頑張りましょうと心から言えるのも、大きな財産だと思います。

急務の課題はデジタル化

今後の大きな課題の一つは、会社全体のデジタル化が遅れている点です。

現在、豊富工場と白州工場を拡張して生産体制強化を図っているところですが、豊富工場に新たに建設しているセンター棟にはロボットを導入して、荷受けや搬入、配送コンテナの洗浄などの自動化を進める予定です。

それと同時に、IoT（Internet of Thingsの略。モノのインターネット）化も進め、業務管理に人工知能（AI）を活用して、スマート工場化をどんどん推し進めていく必要があります。

店舗のほうも同様のAI技術を導入したスマート化を進め、「いま、どこで何がいくつ売れたのか」をリアルタイムに把握して、生産の無駄を省き、商機を逃すことのない体制を整えていきたいと考えています。

これらに関しては急務の課題ととらえて、全社をあげて取り組んでいるところです。

後継者の育成や社員教育も長らく大きな課題でしたが、これに関しては先ほども話に出ていた「プレジデント制」を導入したことで、大きく改善しました。

プレジデントたちは本当に、自分の会社だと思ってそれぞれの事業を担っています。私たちが水をやり、肥料をやり、手をかけて教育しなくても、積極的に「こういうことが知りたい」「こういうことはどうしたらいいか」「学びの場を作ってください」と自ら学んで成長しています。

力がついて伸びてきている姿を見ると、若い人の可能性と頑張りを引き出すことのできるプレジデント制は、すごい制度だと思いますね。

中堅の社員たちも若い人たちが頑張っている様子に触発されて、自分たちも頑張ろうとしますから、本当にいろいろな意味でレベルが上がってきていると思います。

おわりに

それでは最後にもう一度、僕からお話をすることにしましょう。

2020年度のグループ全体の売り上げは、約1000億円弱でした。ホテル関連は、新型コロナウイルス感染症が収まるまでしばらく足踏みすることになるでしょうが、来期は1000億円を超えるだろうと予想しています。

「順風満帆ですね」とよく言われるのですが、こういうときが一番危ないんですよ。僕から見れば、まだまだ改善するところだらけですし、大企業になったとも思っていません。まだまだ五分だと思ってやっています。これは、僕が尊敬する戦国武将、武田信玄の教えでもあります。シャトレーゼは、甲斐の国（山梨県）の会社ですしね。

およそ軍勝五分を以って上と為し、七分を中となし、十分を以って下と為す。
その故は、五分は励を生じ、七分は怠を生じ、十分は驕をするが故。
たとえ戦に十分の勝を得るとも、驕を生ずれば次には必ず敗るるものなり。

すべて戦に限らず世の中のことこの心がけ肝要なり。
（「武田信玄公の訓言」信玄の菩提寺、塩山の恵林寺所蔵）

教えは、このように書かれています。十分勝ってしまってはダメなんです。驕りを感じるようになれば、足をすくわれます。ですから今期も僕自身、厳しい目標を立ててやっています。

我以外、皆我師なり

いまは店舗数の伸びに生産能力が追いつかなくなりつつあって、工場は常に100パーセント近い稼働率で動いています。忙しいときは二交代制、三交代制で稼働することもあります。

現在、豊富工場と白州工場の拡張を進めていますが、増設した工場が動き出せば、今度は生産能力のほうが上回るようになります。そうなれば、次は営業が頑張る番。

何が言いたいのかというと、販売能力と生産能力というのは釣り合っていてはダメなのです。常に差をつけて、どちらかに傾いている状態を作り、それぞれが追いつこうと頑張ることが成長につながります。

だから、業績がよくなって借入をしなくても事業が回せる状態、無借金状態でいられるというのは、僕は決していいことではないと思っています。借金を返済しなければと思えば、それだけ一生懸命になりますしね。悠々自適で、なんの憂いもないなんてダメ。僕が楽をしたって仕方がない。お客様のために困らないと、ダメなんですよ。

僕はあまり細かすぎることは嫌いだから、両親から教わったことと、そのときそのときの時流を見極めて自分流にいろいろと考えます。

自分流といっても、事業を判断する指標は、もちろんすべて数字です。思いつきや勢いで決めているわけではありません。

海外市場に進出するときも、その国の人口や平均年齢を見て決めてきたのは先ほどお話しした通りですし、過去から現在、そしてその先がどうなっていくのか、世の中の動きを見ながら予想を当てて、新たな手を打っています。

それが、齊藤流のやり方です。

人に何かを強要されるのは好きではないので、コンサルタントの話を参考にすることはありません。コンサルタントに話を聞くのは、いま、どんなことが流行しているのかを確認するため。そして、その逆をやるのです。ですから、そういった話を聞くのは敵情視察みたいなものですね。

これからを担う若い人たちにアドバイスをするとしたら、「大きな希望を持て」のひと言です。「そこそこ」ではダメです。本当に実現できるのだろうかと思うくらい、大きな希望です。

自分には無理だなどと限界を決めてしまっては、もったいない。

「甘太郎」という4坪の小さなお店を経営しながら「日本一のお菓子屋になるぞ」と言った僕の言葉を、周囲の人は大風呂敷扱いしたけれど、一度口に出してしまえば何がなんでも実現しようという気持ちになります。

どんなに大きなピンチに見舞われても、日本一を目指し続けた。あきらめなかった。だから、いまがあるのだと思っています。

いまの僕の目標は、20年後の売上高を1兆円にすること。１０７歳になった僕がまだこの世にいるかどうかはわかりませんが、毎年、対前年比１１０パーセントを積み重ねれば達成できない数字ではありません。現在もそして20年後も、シャトレーゼがお客様に喜んでいただく元気な会社であり続けられるよう、これからもコツコツ積み上げていくだけです。

これはまだ言えませんが、いまもいろいろ面白いことを考えているんですよ。もっともっとシャトレーゼを進化させてお客様に喜んでいただける会社になろうと思い巡らしていると、たくさんアイデアがわいてくるのです。

折にふれて話していますが、僕の座右の銘は「我以外、皆我師なり」です。よかったことも大変だったことも、有り難かったこともつらかったことも、すべてが学びだったと思います。

もしもこの本を読んだみなさんが、少しでも勉強になったなということがあればいいなと思います。世の中は持ちつ持たれつ。少しでも世の中にお返しができたらと思っているんですよ。

齊藤　寛

2021年9月

シャトレーゼは、なぜ「おいしくて安い」のか

2021年9月22日　初版発行

著　者　　　齊藤 寛
発行者　　　菅沼博道
発行所　　　株式会社 CCCメディアハウス
〒141-8205 東京都品川区上大崎3丁目1番1号
電話　販売03-5436-5721
編集03-5436-5735
http://books.cccmh.co.jp

編集協力　長井亜弓
ブックデザイン　小口翔平＋加瀬 梓（tobufune）
校正　株式会社 文字工房燦光
印刷・製本　株式会社 新藤慶昌堂

ISBN 978-4-484-21228-9